DESCRIPTION

GÉOGNOSTIQUE

DU

BASSIN DU BAS-BOULONNAIS.

DESCRIPTION

GÉOGNOSTIQUE

DU

BASSIN DU BAS-BOULONNAIS,

PAR M. ROZET,

OFFICIER AU CORPS ROYAL DES INGÉNIEURS GÉOGRAPHES,

MEMBRE DE LA SOCIÉTÉ D'HISTOIRE NATURELLE, CORRESPONDANT DES SOCIÉTÉS LINNÉENNE DE NORMANDIE ET D'AGRICULTURE DE BOULOGNE-SUR-MER.

PARIS,

CHEZ SELLIGUE, IMPRIMEUR-LIBRAIRE,

Rue des Jeûneurs, n° 14.

1828.

A MONSIEUR

ALEXANDRE BRONGNIART,

MEMBRE DE L'ACADÉMIE DES SCIENCES.

MONSIEUR,

C'est sous vos auspices que j'ai fait les premiers pas dans la carrière de la géognosie ; depuis lors vous n'avez cessé de me prodiguer vos conseils et vos leçons. Permettez-moi aujourd'hui de vous offrir cet ouvrage, comme un faible gage de ma reconnaissance.

Je suis avec le plus profond respect,

Monsieur,

Votre très-humble et très-obéissant serviteur,

ROZET.

INTRODUCTION.

Le bassin du Bas-Boulonnais offre une
région parfaitement naturelle, limitée, à
l'ouest, par la mer de la Manche, et, de
tous les autres côtés, par une chaîne de montagnes très-remarquable.

Mon but est de décrire les différens groupes de roches compris dans ce bassin, et
d'établir les rapports géognostiques qui existent entre eux.

Les missions dont j'ai été chargé, par son
excellence le ministre de la guerre, pour
les travaux topographiques de la carte de
France, m'ayant obligé d'habiter pendant
seize mois le Boulonnais, j'ai pu en étudier
avec soin la constitution géognostique.

Dans cet ouvrage, les faits sont exposés
le mieux qu'il m'a été possible; je n'y ai
mêlé aucune idée théorique; je n'ai rien

supposé ; et toutes les divisions que j'ai admises sont tracées par la nature elle-même.

Les lettres placées aux extrémités de chaque profil sont répétées sur la carte aux extrémités de la trace du plan de ce même profil sur la surface du sol. Ainsi, chacun peut aller vérifier mes observations, et je saurai beaucoup de gré à ceux qui voudront bien me faire part des erreurs que je puis avoir commises.

La géognosie est maintenant universellement cultivée ; depuis plusieurs années elle acquiert chez nous une haute importance. Les premières bases d'une description géognostique de notre territoire sont posées : des ingénieurs du corps royal des mines sont chargés de dresser une carte géognostique de la France, et ce travail se poursuit avec une grande activité.

La description du Boulonnais est donc utile ; et, de plus, elle peut rendre un service à la science, en ce qu'elle fait connaître des formations ayant les plus grands rapports avec celles de l'Angleterre, si bien décrites, et dont elles ne sont séparées que par le canal de la Manche.

M. Monnet, dans sa description minéralogique de la France, publiée en 1780 (*), a décrit les différentes espèces de pierres que l'on trouve dans le Bas-Boulonnais; mais il ne s'est point du tout occupé des rapports géognostiques.

L'auteur de l'Essai sur la géologie du nord de la France (Omalius de Halloy) n'avait pas vu le Boulonnais; et il avoue lui-même (**) avoir puisé ce qu'il en dit dans l'ouvrage de M. Monnet.

Il y a quelques années, M. de Bonnard visita cette contrée pour étudier les positions géognostiques des roches. Depuis lors, il a publié plusieurs de ses observations dans différens ouvrages, et il se disposait à les réunir pour en composer un travail spécial, lorsque je lui fis part des miennes.

(*) Atlas et Description minéralogique de la France, page 26 et suivantes.

(**) Journal des Mines, 1808, tom. 2, pag. 348.

Nous avons eu ensemble plusieurs entretiens, dans lesquels nous nous sommes parfaitement accordés sur tous les points de la constitution géognostique du Boulonnais. Aujourd'hui, non-seulement ce savant renonce, en ma faveur, à publier son travail, qui certainement aurait été écrit avec plus de force et de méthode que le mien, mais encore il a poussé la générosité jusqu'à me communiquer toutes ses notes et les recherches qu'il avait déjà faites. Un tel désintéressement mérite bien que je lui en témoigne ici toute ma reconnaissance.

Nous possédons depuis 1823 un Mémoire de M. Garnier sur les formations géognostiques du Bas-Boulonnais; mais son principal but a été de faire connaître les différentes espèces de marbre, et il n'a parlé des autres roches que d'une manière générale. Nous manquions donc d'un ouvrage spécial sur cette contrée. Cet ouvrage est nécessaire, puisqu'il donne les moyens de comparer les formations du continent avec celles des Iles Britanniques.

Le docteur Fitton a consacré plusieurs années à l'étude comparative des terrains du Boulonnais avec ceux de la Grande-Bretagne. Le résultat de ses observations a prouvé que non-seulement les formations géognostiques de notre bassin se succèdent dans le même ordre qu'en Angleterre, mais encore que les formations parallèles dans les deux pays ont entre elles la plus grande analogie. A l'instant où j'écris, M. Fitton n'a publié qu'un extrait de son travail, inséré dans le *Philosophical Magazine*, et c'est dans ce même extrait que j'ai pris les noms anglais écrits en italique au-dessous de ceux que j'ai donnés à chaque groupe naturel.

Mes observations, quoique parfaitement d'accord avec celles du savant docteur, n'ont point été calquées sur les siennes : je n'avais même aucune connaissance de son travail lorsque je présentai la première moitié de celui-ci à la Société Philomatique, en février 1826, insérée depuis dans les Mémoires de la Société d'Histoire Naturelle (*). C'est après être retourné passer huit mois sur les lieux, pendant l'été de 1827, que je me suis décidé à publier cette description.

J'ai fait tous mes efforts pour rendre mon travail digne de l'attention des géognostes. Des savans illustres ont bien voulu m'honorer de leurs conseils. MM. Lefroy et Michelin se sont chargés de la détermination des fossiles. Enfin je l'ai soumis au jugement de l'Académie des Sciences, et les conclusions de ses commissaires sont imprimées à la suite de la seconde partie.

En géognosie nous manquons encore d'une classification; mais ce n'est qu'après avoir recueilli un grand nombre d'observations exactes et faites dans toutes les parties du monde, que l'on pourra en établir une.

Dans mes descriptions, j'adopte les divisions tracées par la nature; c'est ce que j'appelle *groupes naturels, formations* ou *époques géognostiques*.

(*) Mémoires de la Société d'Histoire Naturelle, tom. III.

Une formation est un assemblage de différentes roches, tellement liées entre elles qu'on peut les supposer formées à une même époque. Les roches sont souvent disposées de manière à ce qu'il en résulte des divisions naturelles dans la formation. Ces divisions, je les nomme *étages*. J'appelle formations simples toutes celles qui n'ont qu'un seul étage, et formations composées celles qui en ont plusieurs. Je donne à mes divisions les noms généralement adoptés en France ; ou, à leur défaut, ceux qu'elles portent dans le pays : ou enfin, un nom tiré du caractère le plus tranché, et qui appartient exclusivement au groupe dans la contrée que je décris.

Je nomme *terrain* la réunion de plusieurs formations qui ont entre elles un certain nombre de rapports communs.

Depuis bien long-temps on a divisé la portion de la croûte du globe accessible à nos observations, en cinq grandes époques géognostiques, désignées par les noms de *terrain de transport*, *terrain tertiaire*, *terrain se-*

conduire, *terrain de transition* ou *intermédiaire*, et *terrain primitif*.

Aujourd'hui cette classification est abandonnée par beaucoup de géognostes, parce que, disent-ils, on ne sait où s'arrêter dans les formations anciennes.

Je crois devoir conserver cette division, qui est très-naturelle, et à laquelle on sera obligé de revenir un jour. Comme les limites des terrains n'ont jamais été bien fixées, il faut faire connaître celles que j'ai établies.

1° J'entends par *terrain de transport*, celui qui, n'étant point stratifié, n'a pas été formé chimiquement, ni avec des matériaux propres, mais avec les débris des terrains déposés antérieurement, et transportés dans les lieux où nous les voyons aujourd'hui par une cause quelconque : les eaux, la pesanteur, etc.

J'admets, comme les Anglais, deux divisions dans le terrain de transport, et je nomme avec eux :

a. *Alluvions*, les parties dont la formation,

pour la plupart, point encore terminée, est
due aux causes actuellement agissantes :
comme les dunes, les éboulemens au pied
des montagnes, les attérissemens aux em-
bouchures des rivières, etc.

b. *Diluvium*, les parties dont la formation
entièrement terminée est antérieure à l'existence de l'homme, et due à un ordre de
choses différent de l'ordre actuel : comme
les poudingues de la plaine de Lacrau, les
graviers des plaines des environs de Paris, etc.

2° Je comprends sous la dénomination de
terrain tertiaire l'ensemble des groupes stratifiés placés au-dessus de la craie.

3° La craie est pour moi la première
formation secondaire ; et je range dans cette
division toutes celles qui suivent, en allant
de *haut en bas*, jusqu'à la grande époque des
houilles.

4° Le *terrain de transition* comprend la formation houillère (*), et toutes celles qui

―――――――――

(*) Peut-être un jour la grande formation houillère se-

viennent *après*; dans lesquelles, ou au-delà desquelles on trouve encore des restes organiques.

5° Le *terrain primitif* est le plus ancien ; son dépôt est antérieur à l'existence des êtres organisés ; et toutes les fois qu'une roche contient des restes de végétaux ou d'animaux, ou bien est superposée à une autre qui en renferme, elle appartient au terrain de *transition*, si elle est inférieure à la formation houillère, quelle que soit d'ailleurs sa nature.

Les formations volcaniques appartenant à toutes les époques, doivent être placées dans celles où on les rencontre, quoique, en général, leur présence soit postérieure au dépôt des couches qui les contiennent.

---

ra-t-elle regardée comme un véritable terrain , séparant les groupes secondaires de ceux de transition. Mais comme on n'a pas assez d'observations pour décider la question , je crois devoir la ranger dans le terrain de transition , avec lequel elle a beaucoup plus de rapports qu'avec le terrain secondaire.

J'avais besoin d'exposer ces principes, pour ne pas être obligé d'y revenir dans le cours de ma description. Dans le Boulonnais, on ne trouve ni le terrain primitif, ni des groupes volcaniques; mais tous les autres y existent plus ou moins bien développés; nous allons maintenant les faire connaître.

Je décrirai les groupes naturels en allant de haut en bas; et, dans une seconde partie, j'exposerai les raisons qui m'ont fait adopter les divisions que j'ai établies; et je dirai quelles sont les formations, bien connues en France et en Angleterre, avec qui celles du Boulonnais ont le plus de rapport.

DESCRIPTION

GÉOGNOSTIQUE

DU

BASSIN DU BAS-BOULONNAIS.

PREMIÈRE PARTIE.

§ 1. Le bassin du Bas-Boulonnais est situé dans la partie nord-ouest de la France, département du Pas-de-Calais, arrondissement de Boulogne ; il est compris entre $0^g,40$ et $0^g,90$ de longitude ouest, et entre les 56mes et 57mes grades de latitude nord. Cette région est limitée, à l'ouest, par la mer de la Manche ; au sud, à l'est et au nord, par une chaîne de montagnes très-remarquable. Cette chaîne part des bords de la mer près de Camiers ; s'avance jusqu'à cinq lieues dans les terres ; et, en formant une espèce de demi-

2.

cercle, vient se terminer à la mer près de Wissant.

La carte ci-jointe me dispense de donner une description topographique du terrain. Son exactitude est suffisante pour les besoins de la géognosie; les élévations du sol au-dessus du niveau moyen de la mer sont marquées par des numéros placés entre deux parenthèses.

J'attribue la formation du bassin à la dénudation de la craie; j'en exposerai plus tard les raisons. Mais quelle que soit la cause qui l'ait produit, elle agissait probablement en même temps en France et en Angleterre; car, dans ce dernier pays, sur la partie opposée de la côte, on trouve un bassin qui a la plus grande analogie avec celui de Boulogne, et qui est également circonscrit par des montagnes de craie.

TERRAIN DE TRANSPORT.

a. ALLUVIONS.

§ 2. Dans le Boulonnais, comme partout ailleurs, on voit des éboulemens au pied des falaises
et au bas des escarpemens. Ces éboulemens sont
toujours composés des débris des roches supérieures, et leur formation n'est soumise à aucune
loi.

Depuis Andresselles jusqu'au cap Gris-Nez, il
existe, le long de la falaise, des éboulemens qui
méritent d'être remarqués : ils sont composés de
blocs de grès tombés de la partie supérieure de la
falaise, et de fragmens du calcaire compacte qui
alterne avec la marne. La nature a tellement dis-
posé ces débris, qu'aujourd'hui ils forment un ta-
lus servant de rempart à la côte contre l'effort des
vagues.

Les eaux sauvages, et les ruisseaux, dans leurs
débordemens, déposent des couches de sable et
d'argile mélangés d'une plus ou moins grande

quantité de morceaux de pierre détachés des ro-
chers sur lesquels ils passent. Ces phénomènes-là
sont les mêmes partout, et je ne crois pas devoir
m'y arrêter plus long-temps.

DUNES.

Les dunes doivent leur origine à des sables que
les vents transportent et qu'ils déposent dans certains endroits. Ce transport est quelquefois si considérable que des villages entiers sont engloutis :
il n'est personne qui ne connaisse les ravages cau-
sés par les sables d'Afrique et par ceux des environs de Bordeaux. Quoique les dunes dont je parle
ne soient pas comparables, pour l'étendue, à celles
de ces deux contrées, elles méritent cependant,
sous plusieurs rapports, de fixer l'attention des
géognostes.

A l'inspection de la carte on voit une grande
masse de dunes qui s'étend depuis Danes jusqu'à
Équihen, où elle est terminée par une pointe qui
s'avance dans les terres, suivant une direction perpendiculaire à l'axe de la bande. A l'entrée du
port de Boulogne il existe aussi quelques dunes;
à Wimereux, à Ambleteuse et à Wissant, la masse

des sables s'avance dans les terres en se dirigeant, comme à Équihen, dans le sens du nord-est.

Ces dunes, formées d'un sable identique avec celui qui couvre la plage voisine (*), sont composées d'une infinité de monticules dont quelques-uns ont plus de quinze mètres de hauteur.

Ces monticules sont allongés, et leur plus grande dimension est dans la direction du nord-est, à peu près perpendiculaire à la côte. Entre les masses de dunes il existe des vallées et des petits bassins dans lesquels s'amassent les eaux qui, filtrant à travers les sables, vont joindre des ruisseaux qui coulent tous à la mer. Les places où l'eau séjourne sont couvertes de beaucoup d'herbes, et quelquefois il y croît des aulnes. En parcourant les lits des ruisseaux on remarque des couches de tourbe qui sont toujours très-minces ; j'en ai vu

---

(*) D'après M. Marguet, ingénieur de Boulogne, ce sable est presque entièrement siliceux ; il renferme cependant les 0,03 de son poids de matières solubles dans l'acide nitrique, qui produit une légère effervescence. Comme dans la masse on trouve quelques débris de coquilles, ce pourrait bien être ces débris qui forment la portion calcaire du sable.

jusqu'à trois, les unes au-dessus des autres, qui n'avaient pas plus d'un décimètre d'épaisseur, et séparées par des lits de sable aussi très-minces. Ces tourbes, qui se sont formées et qui se forment encore tous les jours dans les vallées et les bassins dont j'ai parlé, ne sont composées que de plantes herbacées, mélangées d'une grande quantité de sable, qui les rend un très-mauvais combustible. J'ai cependant vu des endroits où on les exploitait pour brûler.

Comme je l'ai déjà observé, les monticules qui composent les dunes sont généralement plus longs que larges, et leur plus grande dimension est dans la direction du nord-est. En examinant la carte, on verra que chaque masse de dunes a aussi cette direction, qui est précisément celle des vents les plus forts et les plus communs de ces contrées. On pourrait donc conclure de là, lors même qu'on ne l'observerait pas tous les jours, que ce sont les sables transportés par les vents du sud-ouest qui ont donné naissance aux dunes. Cet effet est si sensible qu'après deux jours de tempête, j'ai vu, accumulés sur la terrasse de l'établissement des bains de Boulogne, des sables formant un monticule de dix mètres de long et un de haut. On croirait que les dunes, croissant avec cette rapidité, doivent envahir une grande étendue de terrain tous les ans : cependant en comparant celles du Boulonnais avec ce qu'elles étaient lors des travaux de Cassini, on reconnaît qu'elles n'ont presque point fait de progrès depuis cette époque. Les gens du pays en attribuent la cause à la propagation d'une plante qu'ils nomment oya (*arundo arenaria*), qui croît très-bien dans les sables, et qui, plantée dans plusieurs endroits, a fixé quelques monticules. Mais il faut ajouter à cela que les vents ne peuvent élever les sables qu'à une certaine hauteur, et qu'ainsi chaque butte fixée est un obstacle à leur transport. Or, à l'extrémité de chaque masse de dunes, il y a de forts monticules de sable, recouverts en partie par la végétation et fixés depuis plusieurs années : ces monticules forment des barrières contre lesquelles les sables se sont accumulés. Mais à Boulogne, Condette, Ambleteuse, etc., les sables, s'étant déjà élevés au-dessus de ces barrières, continuent à s'avancer dans les terres.

L'expérience a prouvé qu'il n'est pas impossible de cultiver les dunes du littoral de la Manche.

M. Leroiberger, de Boulogne, est parvenu à leur faire produire des citrouilles et des pommes de terre; la Société d'Agriculture de Boulogne donne tous les ans des prix pour encourager ces essais.

Tourbes d'alluvion. Les tourbes de Condette, se formant tous les jours au moyen des graminées et des cypéracées qui croissent en abondance dans les marais qui environnent le village, doivent être placées dans la même époque géognostique que les dunes. Ces tourbes ne présentent rien de remarquable; elles paraissent formées du détritus des végétaux qui croissent à la surface; on n'y trouve point de végétaux dicotylédons; cependant c'est un assez bon combustible. Des tourbes analogues se rencontrent dans les environs de Marquise et de Wierre-Effroy.

b. DILUVIUM.

§ 3. On nomme Haut-Boulonnais le pays situé sur les montagnes de craie qui forment les limites du bassin dont nous nous occupons. Dans cette partie le sol est formé par un groupe de transport que l'on retrouve partout : dans le fond des vallées, sur les versans et sur les plateaux. Ainsi son dépôt est bien certainement antérieur à l'ordre actuel des choses.

Cette formation est composée de silex pyromaques, dont la plus grande partie sont entiers, et tout annonce qu'en général ils n'ont point été roulés. Ces silex affectent toutes sortes de formes; il y en a de ronds, d'allongés, de ramifiés, etc. Ils sont agglutinés par une marne brune, qui, souvent, prend une teinte rougeâtre. L'épaisseur de ce dépôt varie beaucoup; la plus grande que j'aie observée est de deux mètres. Dans le Haut-Boulonnais, dont elle constitue la terre végétale, cette formation repose presque partout immédiatement sur la craie blanche, dans laquelle on la voit, fig. (1), remplir de grandes crevasses qui ont jusqu'à quatre mètres de profondeur.

En descendant des montagnes pour venir dans le bassin, on marche toujours sur la même formation, que l'on peut parfaitement observer dans les ravins et les chemins creux qui sont le long des pentes. On remarque qu'au pied des montagnes la marne est moins brune et mélangée d'une certaine quantité de matières végétales; les silex sont brisés et il en reste peu d'entiers; enfin tout annonce leur transport par une cause violente. Dans le bassin le diluvium se retrouve partout; on l'observe également sur les pentes, le sommet des plateaux et dans le fond des vallées. La marne qui agglomère les silex change souvent de nature; au pied des montagnes elle est mêlée de beaucoup de craie; sur les hauteurs de la forêt de Desvres elle est très-sableuse, ce qui dépend tout-à-fait des roches voisines. Les ravins et les lits des ruisseaux sont remplis de silex brisés parmi lesquels on remarque des fragmens de meulières et des nodules de fer pyriteux. Cette formation existe dans toutes les parties du bassin du Bas-Baulonnais, jusque sur les bords de la mer. Une observation attentive m'a fait reconnaître que la grosseur des silex et leur quantité diminuent à mesure que l'on s'éloigne des montagnes de craie. Dans les environs de Boulogne, d'Ambleteuse, etc., les silex sont très-petits et on n'en voit que quelques-uns : près de Samer, Desvres, Brunembert, Colembert et Wissant, ils sont, au contraire, très-gros et très-abondans; on s'en sert pour réparer les routes et paver les cours.

On trouve avec les silex des fragmens de meulière, du fer sulfuré blanc en nodules, en cylindres et en cristaux groupés. Dans le bassin, les cristaux ont tous leurs angles émoussés, et souvent ils sont presque détruits, ce qui prouve leur transport. Mais sur la craie on voit des cristaux encore parfaitement conservés. La marne contient des veines d'oxide de fer.

Je n'ai reconnu aucune trace de restes organiques dans toute cette formation, ne considérant pas comme tels les échinites, à l'état de silex pyromaque, qui ont été transportées avec les autres cailloux.

Comme nous l'avons déjà dit, le diluvium occupe la surface du sol sur plusieurs points du bassin et dans le Haut-Boulonnais, où il s'élève jusqu'à deux cent dix mètres au-dessus du niveau moyen de la mer. Ce sol est assez fertile; il produit des céréales, de beaux bois, mais de maigres pâturages. La marne divisée par les silex laisse facilement pénétrer les eaux, en sorte que la surface du Haut-Boulonnais est ordinairement très-sèche.

La formation que nous venons de décrire, occupant indistinctement le fond des vallées et le sommet des montagnes, n'a certainement pas été déposée par les causes actuellement agissantes. Il a fallu une grande catastrophe pour la distribuer de cette manière. Cette révolution, admise par tous les géognostes, est celle qui a produit le diluvium que l'on retrouve sur toute la surface de la terre. Je suis très-porté à croire que c'est à cette époque que le bassin du Bas-Boulonnais a été creusé, et je vais développer mes idées à l'appui de cette opinion.

Le bassin de Boulogne a certainement été creusé dans la masse de la craie qui le remplissait à une certaine époque; car cette formation le borde du côté des terres; et, dans son intérieur, près de Neuchâtel et de Nesles, existent des monticules de craie entièrement détachés de la chaîne principale, et qui sont restés là comme des témoins, pour attester l'ancienne existence de la craie à la la place où nous voyons aujourd'hui un bassin. En examinant la ceinture, on voit partout des pentes abruptes et des déchiquetures que l'on peut supposer produites par une grande débâcle venue d'en haut. Près de Fiennes, Longueville et Brunembert, il existe de grandes ouvertures, communiquant avec des vallées, par où cette débâcle semblerait s'être fait jour plus particulièrement. C'est elle qui, emportant la craie sur son passage, a formé le bassin, dont elle a couvert la surface de tous les débris qu'elle charriait, plus ou moins brisés suivant la distance à laquelle ils étaient transportés.

Comme nous le dirons plus tard, on rencontre des lambeaux de terrain tertiaire sur les montagnes qui limitent le Bas-Boulonnais, et on n'en voit aucune trace dans le bassin. Il résulte évidemment de là que ce bassin a été creusé après le dépôt des dernières formations tertiaires. Ces formations étaient développées dans cette localité, puisque, sur plusieurs points, le diluvium contient beaucoup de fragmens de meulière, roche qui appartient aux dépôts tertiaires supérieurs.

Tout le monde admet que l'époque du diluvium est immédiatement postérieure à celle du terrain tertiaire. Or, on retrouve des traces du diluvium sur les montagnes qui dominent notre bassin, et dans son intérieur; il n'est donc pas tout-à-fait hors de sens d'en attribuer la formation à cette grande catastrophe.

TOURBES DU DILUVIUM.

Cette débâcle universelle, la dernière révolution qui se soit étendue sur toute la surface de notre globe, a détruit la plus grande partie de ce qui existait alors sur les continens. Des espèces entières d'animaux ont disparu, et l'on n'en connaît plus que les nombreux débris fossiles. Beaucoup de forêts ont été enfouies, et il en est résulté ces grands amas de végétaux fossiles, auxquels les Anglais ont donné le nom de *diluvial pit*, *tourbes du diluvium*.

On trouve de ces tourbes sur le littoral du Boulonnais, où l'on s'en sert comme combustible. Les plus remarquables sont celles que l'on exploite depuis Équihen jusqu'à la rivière de la Canche.

La masse est ordinairement recouverte de un à deux mètres de sable; sur quelques points, elle paraît à la surface. Généralement il n'y a qu'une seule couche, dont l'épaisseur ne dépasse guère un mètre; par-dessous on trouve une terre noire. Dans l'exploitation on retire souvent des arbres entiers, qui ont encore conservé beaucoup de branches. Les arbres, dont la structure intérieure est très-reconnaissable, sont tous dicotylédons; l'intérieur en est généralement d'un beau noir, et ils sont si bien conservés, qu'on s'en sert souvent pour la charpente.

En examinant la tourbe avec attention, on reconnaît qu'elle est formée d'une substance bitumineuse agglutinant des troncs et des branches d'arbres dicotylédons; on y voit des feuilles en fort bon état, et dont plusieurs ont encore conservé la couleur verte. Parmi ces feuilles, le plus grand nombre appartient à des végétaux dicotylédons, et quelques-unes à des graminées et à des cypéracées. J'ai vu des élytres d'insectes qui avaient conservé leurs couleurs. Les branches et les morceaux des troncs sont ordinairement aplatis. Il y a des portions de tourbe formées d'écorces agglutinées. J'ai reconnu dans la masse quelques veines de sulfure de fer, qui paraissent s'y être formées. Ce fait remarquable prouve que cette substance peut appartenir à des formations plus nouvelles que celle de l'argile plastique.

Les tourbes de Saint-Frieux occupent, sur un sol plat, une bande de cinquante à soixante mètres de large, à partir des dunes, sous lesquelles elle paraît s'enfoncer, et qui s'étend en longueur depuis Saint-Frieux jusqu'à l'embouchure de la rivière de la Canche. Les arbres avec leurs branches, les plus petites parties de ces dernières, des feuilles parfaitement conservées, enfin des élytres d'insectes, et toutes ces choses en grande abondance dans la masse des tourbes, prouvent que les végétaux qui les ont formées ont crû sur les lieux mêmes, où ils ont été renversés par la grande débâcle, et recouverts ensuite par des alluvions.

Les circonstances qui ont accompagné la formation des tourbes de Saint-Frieux me paraissent avoir la plus grande analogie avec ce qui s'est passé à une époque beaucoup plus reculée, lors de la formation des houilles ; car dans le groupe houiller on trouve également des tiges aplaties, des empreintes de feuilles et de fruits et beaucoup de bitume. Ainsi, ne pourrait-on pas dire que les deux formations ont été produites par des causes analogues, dont la différence des résultats ne tient probablement qu'à celle entre les époques?

Les habitans du littoral, depuis la rivière de la Canche jusqu'à Equihen, n'ont point d'autres

combustibles que ces tourbes; et, comme ils s'aper-
çoivent que la masse diminue tous les jours, ils
ont fait des réglemens très-sévères pour en régula-
riser l'exploitation.

————

TERRAIN TERTIAIRE.

§ 4. On ne rencontre aucun indice du terrain tertiaire dans l'intérieur du bassin du Bas-Boulonnais. Mais sur les montagnes limites, au-dessus de Tingry, de Niembourg, près d'Hubersent, de Courset, etc., on exploite des lambeaux d'un grès siliceux, très-semblable à celui de Fontainebleau. Cette roche, qui repose immédiatement sur la craie blanche, est en gros blocs non stratifiés, dispersés sur le sol du Haut-Boulonnais. La cassure est inégale avec beaucoup de points brillans ; les éclats raient fortement le verre ; la couleur est d'un blanc grisâtre. Cette substance paraît être entièrement composée de silice ; car elle ne fait aucunement effervescence dans les acides.

Je n'ai remarqué dans cette roche que des veines très-rares d'oxide de fer ; elle paraît entièrement dépourvue de restes organiques.

Il est malheureux que ce grès ne soit pas plus commun dans le Haut-Boulonnais, car c'est une

excellente pierre de construction; et dans cette localité il n'en existe pas d'autres; on se sert bien
de la craie blanche, mais cette roche est très-peu
solide.

TERRAIN SECONDAIRE.

FORMATION DE LA CRAIE.

(*Chalk formation.*)

§ 5. La craie est une formation composée ; on y distingue trois étages bien caractérisés. C'est elle, comme je l'ai déjà dit, qui constitue toute la chaîne de montagnes limitant, du côté des terres, le bassin du Bas-Boulonnais. Sur toutes ces montagnes on a pratiqué des puits pour exploiter la roche qui est employée à marner les terres. Dans tous ces puits, la craie est d'un blanc mat, tantôt bien et tantôt mal stratifiée ; les couches sont généralement horizontales ; leur épaisseur varie de $0^m,2$ à $0^m,4$; entre elles on remarque des lits, parallèles à la stratification, de silex pyromaques, qui sont quelquefois très-gros et affectent toutes sortes de formes. Cette substance est aussi disséminée dans l'intérieur des strates. La masse offre une infinité de fentes plus ou moins grandes, et colorées en jaune par du fer hydraté. La roche est très-tendre, les fragmens tachent les doigts, la cassure est terreuse; elle fait fortement effervescence avec les acides, propriété commune aux trois espèces qui constituent cette formation.

Craie tufau (*chalk marl*). En suivant les chemins creux et les ravins qui descendent le long des montagnes, et, plus particulièrement, à l'escarpement de la falaise, depuis le Blanc-Nez jusqu'à Wissant, fig. (2), on observe que les parties basses de la craie blanche ne contiennent presque plus de silex; la couleur se fonce peu à peu, et elle passe insensiblement à la craie marneuse au tufau, dont la stratification concorde parfaitement avec celle de l'étage précédent. La couleur de la craie marneuse est d'un jaune pâle; sa cassure est terreuse; les strates sont un peu plus épais que dans la craie blanche; mais on ne voit plus entre eux ni dans leur intérieur aucun silex; cette substance est, en quelque sorte, remplacée par des nodules et des cylindres de fer pyriteux qui sont extrêmement abondans, mais jamais en lits comme les silex pyromaques; au contraire, ils sont disséminés dans la masse sans aucune régularité.

La couleur de la craie tufau se fonce à mesure que les couches deviennent plus anciennes ; vers le milieu , cette couleur est d'un gris pâle , et , vers le bas , d'un gris très-foncé. Cette portion de la marne , dans laquelle les fers pyriteux sont toujours très-abondans , fait parfaitement pâte avec l'eau , et ne présente plus de stratification régulière.

J'ai observé , près du Blanc-Nez , dans la partie inférieure de cet étage , un morceau de poudingue , fig. (2) , intercallé dans la roche , et formé de nodules elliptiques de la grosseur d'un œuf , tous égaux entre eux et mélangés de quelques silex pyromaques. Ce qu'il y a de plus remarquable , c'est que la substance de ces nodules est la même que celle des couches inférieures de la craie blanche. Cette circonstance me porte à croire qu'ils sont tombés d'en haut par des crevasses qui ont été détruites depuis.

Craie verte (upper green sand). Depuis le corps-de-garde qui est au bas du cap Blanc-Nez jusqu'aux dunes de Wissant , les parties inférieures de la craie marneuse , qui sont presque noires , contiennent beaucoup de points verts ; et , par places , passent à une marne verte très-compacte que l'on ne peut découvrir que sur l'épaisseur d'un mètre. Cette marne contient encore des fers pyriteux et des nodules de fer oxidulé. C'est au passage de la craie marneuse à la craie verte que les fossiles sont les plus communs. Ce troisième étage est très-peu apparent dans le Bas-Boulonnais; partout où il se présente, il offre une masse compacte dans laquelle on ne reconnaît point de stratification. Entre le cap Blanc-Nez et Wissant, en s'avançant sur la plage, à marée basse, on trouve des lambeaux de cette roche dont la surface est toute couverte de fossiles.

Je crois devoir placer à la suite de la formation de la craie une couche d'argile qui la sépare de celle des sables ferrugineux, et que les Anglais ont désignée par le nom de *gault*.

Le long du ruisseau qui sort du pied du Mont-Hulin, à la tuilerie du Caraquet, près de Desvres, la craie verte, contenant les mêmes fossiles qu'à Wissant, repose sur une couche d'argile bleuâtre, dont l'épaisseur est de quatre mètres. Cette roche ne présente aucun indice de stratification; elle se pétrit très-bien avec l'eau, ce qui la rend propre à faire des tuiles et de la poterie grossière ; les acides versés dessus produisent une légère effervescence. On y remarque quelques veines d'oxide de fer ; j'ai trouvé une bivalve en assez grande abondance, et qui, dans le Boulonnais, caractérise cette couche. La même argile se montre sur plusieurs points au pied des montagnes de la craie ; partout elle contient la même bivalve, et sert au même usage. Je l'ai observée à Samer, Desvres, Colembert et Hardinghen.

La formation de la craie contient plusieurs substances minérales ; nous avons déjà parlé de silex pyromaques répandus en si grande quantité dans la craie blanche : cette substance est caractéristique de cet étage dans toutes les contrées où la formation est complétement développée. Dans le Boulonnais, il contient encore quelques morceaux de fer pyriteux, des veines de fer oxidé, et du spath calcaire en cristaux.

Dans la craie tufau, les fers pyriteux sont très-abondans ; ils se présentent en nodules, en cylindres et en cristaux groupés, dont les formes les plus communes sont le cube et l'octaèdre. Il y a aussi quelques veines d'oxide de fer, et des cristaux de chaux carbonatée, mais pas un seul silex. Les minéraux du troisième étage sont les mêmes que ceux du second; la plupart des coquilles sont à l'état de fer sulfuré.

Les coquilles sont très-rares dans le premier étage de cette formation; j'y ai cependant trouvé des térébratules, *T. subrotunda*; quelques inoceramus, le pecten regularis; et de la famille des Echinites, des anonchites, des cidaris et des spatangues. Les deux autres membres sont plus riches en fossiles; mais je n'ai remarqué aucun reste d'animaux vertébrés. Voici la liste des coquilles :

CRAIE TUFAU.	CRAIE VERTE.
Turrilites.	Belemnites.
Scaphites.	Hamites cylindricus, sow.
Ammonites.	Natica.
Inoceramus concentricus, sow.	Pleurotomaria rhodani?
Terebratula.	Trochus tiaria, sow.
Terebratula subrotunda.	Ammonites proboscideus, sow.
Pecten.	Ammonites splendidus, sow.
	Ammonites lautus, sow.
	Inoceramus sulcatus, sow.
	Inoceramus mytiloïdes, sow.
	Pecten.

Le troisième étage contient encore plusieurs espèces de madrépores en assez mauvais état.

Au Blanc-Nez, les deux premiers étages de cette
formation ont ensemble une puissance de 100 mètres au moins; au Désert, à Sacriquer, etc., on a
creusé dans la masse de la craie des puits de
130 mètres, dans le dessein d'atteindre la marne
inférieure qui retient parfaitement l'eau; et, pendant l'été, ces puits sont souvent à sec. Ainsi, on
peut assurer que, dans le Boulonnais, la puissance de la masse crayeuse dépasse 130 mètres.
Comme je n'ai vu que quelques lambeaux du troisième étage, je n'ai pas pu en déterminer l'épaisseur.

En général, les strates de ce groupe sont horizontaux; il forme de grands plateaux qui s'élèvent
jusqu'à 210 mètres au-dessus de la mer. Ces plateaux sont sillonnés par des vallées assez profondes,
et dont les flancs ont une pente très-rapide.

La craie occupe le sol de tout le Haut-Boulonnais; elle forme une ceinture autour du bassin,
dans l'intérieur duquel on en trouve çà et là quelques lambeaux. Partout la craie marneuse succède
à la craie blanche; ces deux étages ont à peu

près 60 mètres d'épaisseur chacun. La craie verte ne se montre qu'au bas de la falaise, entre Wissant et le cap Blanc-Nez, dans les environs de Samer et de Desvres, où, comme nous l'avons déjà dit, elle repose sur une couche d'argile qui la sépare du groupe des sables ferrugineux.

Dans tout le Haut-Boulonnais, la craie blanche est employée pour marner les terres ; dans le bassin, la craie tufau sert au même usage. A Nabringhen et à Longueville, des portions du second étage, colorées en rouge par du peroxide de fer, sont exploitées comme ocres. A Wissant, on avait essayé de fabriquer du sulfate de fer avec les pyrites que l'on trouve en grande quantité dans les environs ; mais les entrepreneurs se sont dégoûtés, et l'établissement est aujourd'hui abandonné.

Les plateaux occupés par la craie sont assez fertiles. Les céréales et les bois y croissent fort bien ; mais les pâturages sont maigres : les flancs des vallées, lorsque l'inclinaison est un peu forte, ne présentent que des friches ou de mauvais bois. En général, le sol du Haut-Boulonnais est froid ; les récoltes sont plus tardives que dans le bassin, ce qui peut provenir de la nature du sol et de sa plus grande élévation.

La craie blanche et la partie stratifiée de la craie marneuse sont très-pénétrables à l'eau, ce qui est cause de la rareté des sources et de la grande profondeur des puits sur les montagnes. Mais la couche de marne grise non stratifiée, qui forme la partie inférieure du second étage, retient parfaitement les eaux : c'est d'elle que sort cette infinité de ruisseaux qui arrosent le bassin. Au pied de la falaise, entre Wissant et le Blanc-Nez, on en voit sourdre des sources très-abondantes. Ces eaux sont d'une très-bonne qualité, mais ne présentent rien de particulier.

FORMATION DES SABLES FERRUGINEUX.

(Shanklin sands, lower green sand.)

§. 6. Près de Samer, au Caraquet et à Hardinghen, en perçant la couche d'argile qui se trouve immédiatement sous la craie verte, on arrive sur des sables ferrugineux qui sont très-bien développés dans ces localités. La couleur de ces sables est tantôt brune et tantôt blanche. Ils sont mélangés de beaucoup de marne dont la couleur varie. Dans la forêt de Desvres on en exploite une couche blanche qui sert à faire de la faïence. Sur quelques points, au Mont-Lambert, à la Crèche, dans toute la commune de Wimille, cette formation contient des grès ferrugineux parfaitement stratifiés. Souvent les grès, les marnes et les sables alternent entre eux, et jamais je n'ai remarqué qu'ils formassent des divisions dans le groupe auxquelles on pût donner le nom d'étages. Toutes mes observations me portent à considérer les sables ferrugineux immédiatement inférieurs à la craie, dans le Boulonnais, comme une formation simple composée de sables de différentes couleurs, de grès ferrugineux et de marnes, alternant entre eux.

Les seuls minéraux sont des oxides de fer, fer hydraté et oligiste.

Les restes organiques se réduisent à quelques veines de lignites. Malgré les recherches les plus minutieuses, je n'ai jamais pu parvenir à y trouver une seule coquille, et tous les naturalistes de Boulogne ont été aussi malheureux que moi.

Les strates de ce groupe sont presque toujours

horizontaux. A la ferme des Pauvres de Desvres, sa puissance est de 6 mètres; c'est la plus grande que j'aie observée. Au Mont-Lambert il s'élève à 189^m au-dessus de la mer. Lorsque les sables sont assez purs, on les exploite pour bâtir.

Les forêts de Desvres, qui sont d'une très-belle venue, occupent un sol formé en grande partie par les sables ferrugineux. Mais sur beaucoup d'autres points où cette formation se présente à la surface, surtout quand elle contient beaucoup de grès, le sol est aride, comme au sommet du Mont-Lambert, au fort de Terlincthun et près d'Hardinghen.

Les marnes qui alternent avec les sables ferrugineux, ainsi que la couche d'argile bitumineux qui leur est inférieure, retiennent les eaux; aussi voit-on sortir beaucoup de sources de cette formation. Plusieurs de ces sources sont ferrugineuses; il en existe une à Desvres, dans la basse forêt, à laquelle on attribue des propriétés médicinales.

Le long de la route de Desvres à Boulogne, à l'entrée de la basse forêt, fig. (4), près le fort de Terlincthun (Wimille), fig. (5), les sables ferrugineux reposent immédiatement sur une cou-

che (*) d'un mètre d'épaisseur d'une argile bitumineuse extrêmement friable quand elle est sèche, et
qui cependant fait assez bien pâte avec l'eau. Cette
argile, qui ne fait pas sensiblement effervescence
dans les acides, contient des nodules blancs d'un
calcaire crayeux qui en font une très-forte, et s'y
dissolvent presque entièrement. Ces nodules carac-
térisent cette couche dans le Boulonnais; elle ne
contient pas une seule coquille; j'y ai remarqué des
veines de fer oxidé, et quelques traces de lignites.
Toute la masse paraît imprégnée d'une matière bitumineuse.

L'épaisseur de cette couche d'argile n'excède jamais deux mètres. On peut l'observer dans le haut
de la falaise, depuis la Crèche jusqu'à Wimereux,
où elle recouvre la formation dont nous allons
parler, le long des flancs du Mont-Lambert et à
Desvres. Son inclinaison est entièrement conforme
à celle des couches sur lesquelles elle repose.

Je n'ai jamais vu cette roche occuper un assez

(*) Dans la planche cette couche est désignée par des
hachures verticales.

grand espace pour décider si elle est favorable ou
non à la végétation.

L'argile bitumineuse ne se lie en aucune manière avec les sables ferrugineux qui lui sont su-
perposés, ni avec le calcaire tuberculé sur lequel
on la voit reposer immédiatement. Cette circonstance me porte à la considérer comme formant sé-
paration entre ces deux groupes.

Si l'on admet que l'équivalente géognostique des
Hastings sands de l'Angleterre manque dans le
Boulonnais, notre argile occupe la même place
géognostique que le weald clay ; car immédiatement au-dessous vient le purbek stone ; mais elle
en diffère entièrement sous le rapport des caractères minéralogiques et zoologiques.

CALCAIRE TUBERCULÉ.

Purbeck stone.

§ 7. Au fort de Terlincthun, fig. (5), et dans
toute la partie supérieure de la falaise, depuis ce
point jusqu'aux dunes de Wimereux, l'argile
précédente repose immédiatement sur une couche
calcaire de 1^m,5 d'épaisseur, à laquelle on donne,

dans le pays, le nom de *pierre d'Honvaux*. Cette roche est d'une couleur grisâtre avec des veines brunes ; sa cassure est inégale ; sous le marteau elle se réduit en fragmens assez petits, dont l'intérieur et l'extérieur sont souvent couverts de petits tubercules calcaires ; il y a même des portions composées entièrement de tubercules réunis entre eux. Dans les points où l'argile manque, ce calcaire est recouvert par une couche de quelques centimètres d'épaisseur, d'un agrégat calcaire, formé entièrement d'une petite bivalve qui, selon M. d'Orbigny, appartient au genre *nucula*. Comme je n'ai vu nulle part cette couche recouverte, je ne puis pas assigner son âge relatif.

La pierre d'Honvaux contient de la chaux carbonatée en veines et en cristaux, mais point d'autres substances minérales, ni aucune trace de restes organiques.

La formation du calcaire tuberculé se compose d'une seule couche horizontale, qui ne se montre, dans le Boulonnais, qu'à la partie supérieure des falaises, entre Wimereux et le fort de Terlincthun. Ce qui m'engage à considérer cette couche comme devant former un groupe particulier, c'est qu'elle est tout-à-fait distincte de ceux entre lesquels elle se trouve placée ; et que Fitton la considère comme appartenant à la même époque géognostique que le purbeck stone des géologues anglais.

FORMATION DU GRYPHEA VIRGULA.

(Portland stone et Kimmeridge clay).

§ 8. *Portland stone*. Entre les deux points que nous venons de citer, le calcaire tuberculé repose sur une couche de sable blanchâtre qui alterne bientôt avec un grès dont les parties supérieures se divisent en plaques minces. Ces plaques sont remplies de coquilles, et surtout de trigonies et de gryphées virgules. La stratification de cette roche concorde parfaitement avec celle du calcaire supérieur. Ce grès existe tout le long des falaises, depuis Equihen jusqu'au cap Gris-Nez ; on l'exploite à St.-Martin, au Mont-Lambert, etc. C'est lui qui, alternant avec des sables ferrugineux, compose le premier étage de la formation du gryphea virgula dans laquelle on en remarque trois bien catactérisés.

Après trois ou quatre couches du grès fissile,

viennent des sables ferrugineux qui ont souvent une puissance assez considérable. Ces sables ressemblent assez à ceux du n° 6, et sur plusieurs points, où l'argile bitumineuse et le calcaire tuberculé manquent, ces deux espèces de sables étant superposées l'une à l'autre, il est impossible de les distinguer; mais au fort de Terlincthun, fig. (5), on voit très-bien qu'ils sont séparés par les couches dont nous venons de parler; et en outre, le dernier sable renferme toujours des lits, à peu près horizontaux, de coquilles décomposées qui n'existent pas dans l'autre.

Dans toute la partie supérieure des falaises, depuis Equihen jusqu'au cap Gris-Nez, dans les carrières de la colonne de Boulogne, à St.-Martin, au Mont-Lambert, à Brunembert, les sables ferrugineux dont nous venons de parler enveloppent de gros blocs de grès, que l'on exploite pour les constructions. Sous ces blocs viennent des couches de même nature qui forment les derniers termes de ce premier étage. Les blocs sont toujours plus ou moins arrondis; leur épaisseur dépasse souvent un mètre. Les strates inférieurs ont de 0^m,3 à 0^m,5 d'épaisseur; le contour de la roche est d'un grès bleuâtre; la

cassure est inégale avec beaucoup de points brillans. A la carrière de Brunembert, j'ai vu des
échantillons qui avaient tout-à-fait l'apparence
oolitique; analogie remarquable avec le Portland
stone, auquel M. Fitton rapporte ce grès (*). Dans
l'acide nitrique, un morceau de cette roche se
dissout avec effervescence. Les coquilles, qui sont
très-communes dans la partie supérieure de cet
étage, diminuent à mesure que l'on descend;
enfin, elles deviennent assez rares dans les blocs et
les strates que l'on exploite pour les constructions.

Kimmeridgeclay. Tout le long des falaises, les
derniers strates de grès alternent avec une marne
d'un gris bleuàtre, qui prend bientôt un développement très-considérable, et alors les bancs de
grès ne sont plus que subordonnés.

Cette marne est très-bien développée dans le
bassin du Bas-Boulonnais, et principalement dans
les falaises, depuis Equihen jusqu'aux dunes de
Wissant. La partie supérieure, souvent schisteuse,
contient à peu près les mêmes coquilles que l'étage

(*) Faux grès de M. Monnet; grès spathique de M. de
Bonnard.

précédent. On y rencontre des bancs subordonnés de calcaire marneux et de grès calcaire pyriteux. Depuis Boulogne jusqu'à Ambleteuse, on remarque dans l'escarpement de la falaise, deux bancs subordonnés très-singuliers, qui sont éloignés de 5 à 6 mètres l'un de l'autre. Ces bancs ont à peu près $1^m,5o$ d'épaisseur ; ils sont absolument semblables et composés d'un calcaire compacte lumachelle d'une couleur jaunâtre, qui repose sur un banc de calcaire sublamellaire siliceux. La fissure de stratification entre ces deux roches est ordinairement remplie de cristaux de gypse, que du reste on trouve répandus dans toute la masse marneuse.

Immédiatement au-dessous du second banc et au tiers de la hauteur de l'escarpement, fig. (5), les lits de calcaire marneux, qui, jusqu'ici, n'avaient été que disséminés dans la masse, deviennent très-abondans et alternent avec la marne jusqu'au bas. Le calcaire n'est autre chose que cette marne endurcie, et on voit qu'ils passent insensiblement l'un à l'autre ; les fossiles leur sont communs, et surtout le gryphea virgula (de F.), qui existe dans les trois étages de cette formation, mais plus particulièrement dans ce dernier : la marne qui sépare les strates calcaires en est pétrie.

Sur plusieurs points des falaises, le calcaire marneux se charge de points verts tout-à-fait semblables à ceux de la craie inférieure, et passe souvent à un grès vert qui est ordinairement rempli de coquilles.

Le troisième étage de la formation du gryphea virgula n'est pas toujours bien distinct; par exemple, depuis la Crèche jusqu'à Wimereux, tout l'escarpement se compose d'une alternance de lits calcaires et de marne; mais, en examinant attentivement, on reconnaît qu'il existe une différence entre la partie haute et la partie basse; que cette dernière a des coquilles qui lui sont propres, et qu'en général c'est là que les restes organiques sont les plus abondans. D'ailleurs, dans toutes les autres parties des falaises, on voit deux divisions bien tranchées dans la masse marneuse.

Les sables ferrugineux du premier étage contiennent beaucoup d'oxide de fer; mais les autres substances minérales sont les mêmes depuis le haut jusqu'au bas. Ce sont : une matière verte qui se présente disséminée en veines et en nids, du fer oxidé, du fer pyriteux, des cristaux de gypse, de la chaux carbonatée en veines et en cristaux, du quarz hyalin, qui se trouve en petits cristaux dans les bois pétrifiés et passés à l'état calcaire. Les deux membres de la partie marneuse renferment des nadules (*septaria*) d'un calcaire bleu compacte, dont l'intérieur est rempli de cristaux de chaux carbonatée. Il y a aussi, et en assez grande quantité, des galets très-petits d'un calcaire ferrugineux, dont on se sert pour obtenir un ciment excellent, connu sous le nom de ciment de Boulogne.

Les restes organiques, tant du règne végétal que du règne animal, sont très-abondans et fort remarquables. Toute la formation renferme des lignites fibreux et piciformes, des bois pétrifiés à l'état calcaire, dont quelques-uns sont remplis de cristaux de quarz hyalin; des bois pyriteux; et enfin un charbon végétal qui ressemble tout-à-fait à de la braise de boulanger. J'ai un échantillon dans lequel on voit un morceau de ce charbon à côté d'une veine de lignite piciforme : la roche qui les renferme contient des astéries et des gryphées.

En général, tous les lignites sont disséminés dans la formation. J'en ai cependant vu quelquefois en lits ; par exemple, entre Boulogne et le Portel , entre Wimereux et Ambleteuse. Dans cette dernière localité j'en ai observé un de o^m,3 d'épaisseur , que j'ai suivi sur 3o à 4o mètres de longueur : il repose sur un banc de grès et il est recouvert par la marne. Les morceaux sont disposés sans aucun ordre ; tous ceux qui ont encore conservé la texture fibreuse appartiennent à des végétaux dicotylédons. Comme dans ces lignites je n'ai trouvé que des troncs ou des branches assez grosses, aucune empreinte de feuilles ni de fruits, et que les morceaux sont disposés sans aucun ordre , il y a lieu de penser que les végétaux n'ont pas crû sur les lieux, et même qu'ils y ont été apportés d'assez loin.

Des vertèbres et d'autres os de grands sauriens, d'un genre voisin des *ichthyosaures*, sont assez communs dans le groupe : on y rencontre quelques individus du genre *cidaris* en fort bon état. L'*asteria ciliata*, très-bien conservée, se trouve entre Boulogne et Équihen. Je n'ai point rencontré de zoophytes.

Voici le tableau des coquilles rangées dans les différens étages :

1ᵉʳ ÉTAGE.	2ᵉ ÉTAGE.	3ᵉ ÉTAGE.
Ampullaria.	Ampullaria.	Ampullaria.
Ammonites.	Ammonites.	Ammonites.
Natica.	Natica.	Natica.
Turbo.	Turbo.	Turbo.
Cerithium.	Serpula.	Serpula.
Madiola.	Plagiostoma.	Belemnites.
Madiola virgula.	Terebratula.	Plagiostoma.
Gryphea virgula def.	Gryphea virgula.	Terebratula.
Mytilus.	Trigonia clavellata.	Gryphea virgula.
Perna aviculoïdes, sow.	Perna aviculoïdes.	Gervillia, def.
Pinna.	Pinna.	Ostrea acuminata.
Trigonia clavellata, sow.	Pholadomya - acuticostata.	Pecten.
Trigonia gibbosa, sow.		Pinna.
		Perna aviculoïdes.
		Pholadomya.
		Cardium.
		Trigonia clavellata.

Parmi les ammonites de cette formation, il y en a de fort grandes; dans le premier étage, j'en ai mesuré plusieurs qui avaient $0^m,5$ de diamètre.

Les coquilles les plus communes sont les gryphées
virgules et les trigonies. Les premières existent en
si grande abondance que je les regarde comme caractérisant le groupe. Les plaques minces du grès
calcaire sont pétries du trigonia gibbosa, qui,
dans le Boulonnais, paraît appartenir exclusivement à la partie supérieure du premier membre
de la formation qui nous occupe.

La puissance des grès calcaires n'excède jamais
10 mètres; mais celle de la masse marneuse dépasse 50 mètres sur plusieurs points de l'escarpement des falaises. Les strates sont généralement
horizontaux, ou leur inclinaison suit celle des
pentes douces du sol; à la Crèche, ils s'inclinent et
se relèvent ensuite pour reprendre leur première
position; au Gris-Nez on les voit plonger fortement
au nord-ouest dans la mer. Le long des falaises ce
groupe atteint une élévation de 74 mètres au-dessus du niveau de la mer; les carrières du Mont-
Lambert sont à 180 mètres, et celles de Brunembert à 130 mètres au-dessus du même niveau.

En jetant un coup d'œil sur la carte, on recon-
naîtra que cette formation est la plus développée
de toutes celles qui existent dans notre bassin. Le

grès est exploité comme pierre de construction ; dans tous les environs de Boulogne, au Mont-Lambert, près de Samer, à Bruncmbert, à Bellebrune, dans toute la commune de Wimille, etc. Sur tous ces points le calcaire marneux donne une excellente chaux hydraulique.

Quand le sol est formé par les parties basses du premier membre, il est presque aride ; mais, le plus souvent, ce sont les sables ferrugineux qui paraissent à la surface, et qui, étant recouverts d'une forte couche de terre végétale, produisent de forts beaux blés et d'excellens pâturages. Tout le sol occupé par la marne est très-fertile ; on y voit toutes les productions du bassin ; les arbres y croissent fort bien.

Comme la marne est très-compacte, elle retient facilement les eaux ; aussi en voit-on sortir un grand nombre de sources. Celles du premier étage ont certainement été retenues par elle. Parmi ces dernières, plusieurs sont ferrugineuses, notamment celles de la fontaine de Maquetras, près de Boulogne, qui sont très-employées en médecine.

(*Coral-Rag.*)

§ 9. Le groupe dont nous allons nous occuper est composé de quatre étages bien développés, et qui passent l'un à l'autre sans transition brusque.

Au faubourg de Bréquerèque (Boulogne), près le four à chaux, fig. (6), la marne des falaises, qui est bien reconnaissable, tant par ses fossiles que par ses autres caractères, repose immédiatement, et en stratification concordante, sur un calcaire marneux horizontal très-bien stratifié, et dont les premières couches contiennent encore le gryphea virgula, et ont une couleur bleuàtre. En s'enfonçant, cette roche devient plus solide et prend une couleur blanchâtre; sa cassure est inégale ou imparfaitement conchoïde; dans les acides elle fait fortement effervescence. Ici ce calcaire est exploité comme pierre à chaux, et on ne voit rien au-dessous.

Le long de la route qui descend du Mont-Lambert à Baincthun, à la formation du gryphea virgula succède un calcaire compacte identique avec celui de Bréquerèque, et qui contient les mêmes fossiles. Dans sa partie inférieure, ce calcaire devient lumachelle et commence à contenir des oolites ; bientôt c'est une oolite parfaitement caractérisée, dont les grains sont de la grosseur des semences du colza. Cette roche n'est point stratifiée et n'a aucune consistance ; elle se brise sous le marteau en fragmens irréguliers. On remarque des parties où les oolites, n'étant point agrégées, forment une espèce de sable. Ce second membre contient beaucoup de fossiles, et particulièrement des nérines. La puissance de la portion oolitique n'est que de deux mètres.

Vers le bas, l'oolite passe insensiblement à un calcaire siliceux oolitique, mais à grains plus fins. Ce calcaire, qui contient toujours les mêmes fossiles que l'étage précédent, est presque toujours stratifié ; il raie le verre et fait effervescence dans les acides. A la partie inférieure cette roche se divise en plaques assez minces, que l'on exploite à Baincthun, Wirvigne, Alincthun, etc. Ces plaques sont très-siliceuses et ne contiennent presque point de fossiles.

Les derniers strates du calcaire siliceux alternent avec des sables ferrugineux, qui sont rarement bien développés ; ce sont eux qui constituent le dernier étage de cette formation. Ces sables contiennent beaucoup d'oxide de fer et ressemblent à ceux que l'on trouve sous la craie ; mais ils sont moins puissans et renferment des fossiles qui les en distinguent complétement.

A l'Houblonnery (Cremaret), fig. (7), le long du chemin qui monte sur le plateau, sur plusieurs points des communes de Longfossé, Questrèques, Wirwigne, Alincthun, Bellebrune, etc., et dans les environs de Marquise, où cette formation est exploitée, on y remarque absolument la même succession de roches que sur la route du Mont-Lambert à Baincthun. Dans toutes ces localités il y a une identité parfaite dans la disposition des quatre étages qui composent cette formation, et les fossiles sont absolument les mêmes.

Presque partout où le calcaire compacte se présente il est exploité comme pierre à chaux. Les trous, qui n'ont jamais plus de 2 mètres de profondeur, la plupart du temps ne permettent pas de voir les oolites. Mais quelquefois elles manquent réellement ainsi que les sables ferrugineux, et toute la formation se réduit au calcaire compacte, qui alors alterne avec des marnes de même nature que lui, et repose sur une marne bleue dont nous parlerons plus tard, comme cela arrive à Sainte-Gertrude, fig. (8), à Menneville et à Bournonville. Ce calcaire n'est pas solide, il se brise si facilement que l'on ne peut pas l'employer pour la maçonnerie.

Je n'ai remarqué dans ce groupe d'autres métaux que les oxides de fer des sables ferrugineux. Toute la masse calcaire contient de la chaux carbonatée en veines et en cristaux : les marnes qui alternent avec les premières couches du calcaire compacte renferment une grande quantité de concrétions de cette même substance.

Dans le Boulonnais, un des caractères de la formation qui nous occupe est de contenir une quantité considérable de trichites, genre dont je n'ai pas remarqué une seule trace dans les autres groupes. Les coquilles sont très-nombreuses ; la roche en est souvent remplie et forme alors une véritable lumachelle ; celles du calcaire compacte diffèrent de celles des trois autres étages ; c'est pourquoi j'ai établi deux divisions dans le tableau suivant :

CALCAIRE COMPACTE.	OOLITE ET SABLES FERRUGINEUX.
Pleurotomaria.	Nerinea, deux espèces inédites.
Ammonites.	Melania lineata, sow.
Nerinea.	Melania heddingtouensis.
Melania heddingtonensis ? sow.	Unio acutus.
Cardium.	Trigonia duplicata, sow.
Cardita producta, sow.	Trigonia costata, *id.*
Ostrea gregarea, sow.	Pinna.
Ostrea solitaria, sow.	Plagiostoma.
Modiola plicata, *id.*	Trichites spissa, def.
Unio acutus, *id.*	Terebratula plicatilis.
Unio hibridus, *id.*	Terebratula ornitocephala, sow.
Mytilus pectinatus, *id.*	Astarte pumila.
Gryphea virgula, def.	Ostrea.

Dans le Boulonnais, l'*ostrea gregarea* et les nérinées appartiennent exclusivement à cette formation. De la famille des échinites nous y trouvons
des cidaris. Les zoophites sont des encrinites, des
fungies et des caryophillies.

Les couches du coral-rag sont généralement horizontales ; cependant, au mont Lambert, elles
plongent légèrement à l'ouest ; il en est de même

à l'Houblonnery ; souvent elles paraissent suivre l'inclinaison du sol. Cette formation occupe des plateaux qui atteignent jusqu'à 120 mètres au-dessus du niveau de la mer. La manière irrégulière dont le groupe est exploité ne permet pas d'en mesurer la puissance exactement. D'après ce que l'on voit au pied du mont Lambert et dans les carrières de pierre à chaux des environs de Marquise, on peut la supposer de 6 à 8 mètres. Les différens étages du coral-rag sont les roches qui se présentent le plus fréquemment à la surface dans la partie orientale du bassin. Le calcaire compacte donne une assez bonne chaux maigre ; il est exploité pour cela, à Bréquerèque, Samer, Wirwigne, Menneville, Quesques, Alincthun, Bellebrune, Leubringhen et dans les environs de Marquise.

La marne qui se trouve à la partie supérieure du premier étage, et les oolites qui se désagrégent facilement, rendent le sol assez fertile, il produit des céréales, de beaux bois et d'assez bons pâturages. On en voit sortir de petits ruisseaux et des sources, qui proviennent des eaux retenues par la marne bleue inférieure. Les puits, dans cette formation, n'ont que 4 ou 5 mètres de profondeur.

FORMATION DU GRYPHÉA CYMBIUM.

(Oxford clay.)

§ 10. Les parties inférieures du groupe précédent sont parfaitement reconnaissables par les nombreux fossiles qui s'y rencontrent et les calcaires siliceux, dont les strates supérieurs contiennent toujours des oolites; et, de plus, dans toutes les localités que nous allons citer, on voit l'oolite parfaitement caractérisée; ainsi, il ne peut y avoir aucune espèce d'incertitude.

Après la ferme du *Bout-du-Coq*, dans le ravin qui se trouve sur le côté ouest de la route d'Alinethun, fig. (9), le long du chemin qui descend d'Alinethun à la route de Boulogne à Saint-Omer, et au pied du mont Lambert, on voit le calcaire siliceux oolitique reposer en stratification concordante, et sans alternance préalable, sur une marne bleue alternant avec des calcaires marneux de même nature qu'elle. On peut parfaitement voir cette marne en descendant du village d'Alinethun à la route de Saint-Omer , près du Wast , où elle est exploitée , et sur plusieurs autres points dans les communes de Colembert , Houillefort, Pittefaut , etc. Dans la partie inférieure , le calcaire marneux paraît dominer et former un second étage. Dans la masse on voit beaucoup de nodules calcaires plus ou moins aplatis. La marne et le calcaire font fortement effervescence dans les acides ; tous deux ont une cassure inégale ; la couleur des parties basses du calcaire est d'un jaune sale. Vis-a-vis le chemin d'Alincthun , fig. (10) , au nord de la route de Saint-Omer , le coral-rag repose immédiatement sur la partie calcaire ; il en est de même dans les environs de Marquise , à la carrière de l'Ecalode, fig. (11) , et à la fosse Moreau , le long du ruisseau de Leulinghen , à droite de la route de Calais. Dans ces trois localités on ne voit que quatre ou cinq bancs calcaires alternant avec de minces couches de marne. Dans le Boulonnais, cette formation est caractérisée par la présence du gryphea cymbium , qui est beaucoup plus commun dans le premier étage que dans le second. Les fossiles de la partie marneuse ne sont pas les mêmes que ceux du calcaire , ce qui confirme notre division en deux étages. Voici la liste de ceux que j'ai recueillis :

PREMIER ÉTAGE.	SECOND ÉTAGE.
Ammonites.	Melania heddingtonensis.
A. communis.	Terebratula acuta.
A. stotkesi ?	Terebratula obsoleta.
Gryphea cymbium, sow.	Isocardia rostrata.
Gryphea gigantea, *id.*	Isocardia.
Terebratula acuta, *id.*	Pholadomya æqualis, sow.
Terebratula obsoleta, *id.*	Unio.
	Astarte.
	Gryphea cymbium.

Dans notre bassin cette formation est parfaitement distincte; le coral-rag la recouvre sans passage, et elle repose brusquement sur la grande oolite, fig. (11). Dans toutes les carrières les strates calcaires sont horizontaux. C'est au bas d'Alincthun que l'épaisseur est la plus grande; elle est de 4 mètres; mais je n'ai point vu de trous ouverts jusqu'à la formation inférieure. Dans les environs de Marquise, la partie calcaire, comprise entre le coral-rag et la grande oolite, n'a que 3 mètres de puissance. Sur le chemin du Wast à la route de Saint-Omer, au bas d'Alincthun, dans la commune d'Houillefort et celle de Pittefant, il suffirait de creuser quelques mètres de plus pour arriver à la pierre de Marquise (grande oolite), ce qui serait un grand avantage pour ces pays-là. Ce groupe forme de grands plateaux qui s'élèvent jusqu'à 110 mètres au-dessus du niveau moyen de la mer.

Le calcaire fournit une assez bonne chaux maigre; la marne, se divisant facilement, est exploitée pour marner les terres. Cette propriété rend le sol qu'elle occupe très-propre à la végétation; toutes les plantes du Bas-Boulonnais y croissent en abondance : on y remarque surtout beaucoup d'excellens pâturages.

Cette roche étant difficilement pénétrée par les eaux, on les trouve très-communément à la surface ; mais elles ne présentent rien de remarquable.

SECONDE FORMATION OOLITIQUE, GRANDE OOLITE.

(Bath oolite , great oolite.)

§ 11. La grande oolite diffère essentiellement du groupe n° 9, tant sous le rapport de la composition de la roche que sous celui des fossiles qu'elle contient. Sur un seul point, à la carrière de Lunelle, près Marquise, fig. (13), on y remarque deux étages bien caractérisés. Dans toutes les autres carrières, le premier étage, qui est l'objet de grandes exploitations, est seul à découvert. Autour de Marquise la stratification de ce groupe est si régulière, que, dans chaque exploitation, les bancs se succèdent de la même manière, et portent les mêmes noms. Ainsi la description que nous allons donner s'appliquera à toutes les exploitations.

A la carrière de l'Écalode, à la fosse Moreau, comme nous l'avons déjà dit § 10, le coral-rag recouvre, en stratification concordante, le calcaire compacte alternant avec des marnes. Dans ces deux localités il y a trois bancs calcaires après le dernier strate du coral-rag ; le dernier de ces bancs repose sur une couche de marne moitié grise et moitié bleue, qui repose elle-même immédiatement sur la première couche de l'oolite. Cette couche est horizontale comme celles des deux formations qui lui sont supérieures ; ensuite les autres couches, au nombre de sept à l'Ecalode, fig. (11), de trois à la fosse Moreau, de cinq à Andretun, etc., se succèdent régulièrement sans que rien soit interposé entre elles. Il existe dans la masse des fissures verticales remplies de marne jaune; les strates sont parfaitement parallèles ; les plus gros ont $1^m,5$ d'épaisseur, et les plus petits $0^m,4$. La roche, que l'on nomme pierre blanche, est parfaitement oolitique; le premier strate l'est un peu moins que les autres. Les grains sont beaucoup plus petits et plus nombreux que ceux du coral-rag : c'est, selon M. Brongniart, une oolite miliaire. Par places la roche est plus blanche et les grains sont plus gros; la couleur de la pierre varie du blanc au jaune pâle ; elle est très-tendre ; la cassure est inégale. On observe des cavités remplies de cristaux de spath calcaire, et, sur les joints de stratification de grandes huîtres plates. Cette pierre fait efferves-

cence dans les acides ; quoiqu'elle soit tendre, elle
est néanmoins assez solide pour être employée avec
avantage dans les constructions ; cependant, dans
certaines localités, elle se désagrége facilement, et
alors on la nomme pierre grise : il y a des parties
dans cette formation où les oolites désagrégées produisent du sable tout-à-fait semblable à celui que
l'on trouve dans le coral-rag.

A l'Écalode et dans les environs, à la carrière
d'Andretun, à celle du Blancriez, près d'Austruy,
les dernières couches de la grande oolite se char-
gent d'oxide de fer et deviennent très-friables ; sur
tous ces points on ne peut rien voir au-dessous.
Mais à la carrière de Lunelle, fig. (13) (Leulinghen) les strates ferrugineux oolitiques reposent
sur un calcaire compacte ferrugineux et rempli de
coquilles, dont la plupart sont des huîtres. Ce calcaire a la cassure terreuse et l'aspect grossier ; on
en compte trois lits qui ont chacun o^m,3 d'épaisseur. Le dernier de ces lits repose sur une couche
de marne d'un mètre d'épaisseur ; cette marne est
très-ferrugineuse et remplie de coquilles brisées et
de madrépores du genre *Astrea* ; elle repose sur
une autre couche d'égale épaisseur, composée de

sables ferrugineux mélangés de marne bleue. Enfin, cette dernière repose sur un lit d'un mètre d'épaisseur de sables blancs et jaunes, dans lesquels on voit beaucoup d'oxide de fer et très-peu de coquilles. Ici les strates plongent au nord-est sous l'angle de 10°, et le dernier lit de sable repose immédiatement sur le stinkalk (*) calcaire de transition. A la carrière de la Colonne, qui n'est qu'à deux cents mètres au nord de celle de Lunelle, le premier étage de la grande oolite, dont les strates sont horizontaux, repose immédiatement sur le stinkalk, et le second manque entièrement. Remarquons ici que, dans un espace de deux cents mètres, nous voyons disparaître un étage entier d'une formation bien développée. Nous ne devons donc pas nous étonner si les oolites du coral-rag manquent quelquefois; si, dans les carrières des environs de Marquise, toute la partie marneuse du groupe n° 10 n'existe pas; et enfin, s'il n'y a qu'un très-petit espace, autour d'Hardinghen, où l'on rencontre, entre l'oolite et le stinkalk, la formation houillère. Nous reviendrons plus tard sur ce sujet.

(*) Dans le pays on prononce *stinkal*.

La grande oolite ne contient d'autres métaux que du fer oxidé, qui existe dans sa partie inférieure en veines, en nids et disséminé. Dans le premier étage, le calcaire spathique en veines et en cristaux, remplissant des cavités, est très-abondant.

Les restes organiques sont assez communs dans cette formation; mais on n'y rencontre point de nérinées ni de trichites si communes dans le premier groupe oolitique; ce qui distingue ces deux formations l'une de l'autre. Des échantillons de la pierre blanche sont remplis de pointes d'oursins; j'ai trouvé plusieurs individus du genre *nucléolites*. Le premier étage contient des caryophillies; j'ai déjà parlé des Astrées du second. Les coquilles sont distribuées de la manière suivante :

PREMIER ÉTAGE.	SECOND ÉTAGE.
Ammonites.	Ostrea obscura, sow.
Turbo.	Terebratula ovata, *id*.
Trochus.	Terebratula ornitocephala.
Ostrea.	Terebratula perovalis.
Pecten.	Modiola.
Plagiostoma.	Astarte cuneata, sow.
Terebratula.	Pecten *ou* plagiostoma.
Terebratula octoplicata.	Arca?

Le *terebratula octoplicata* est très-commun dans le premier étage de cette formation ; il n'existe pas dans le second. Je crois que l'on peut regarder cette espèce comme caractéristique de la grande oolite du bassin du Bas-Boulonnais.

Dans toutes les carrières autour de Marquise, les strates sont horizontaux ; à l'Écalode on remarque une légère inclinaison égale à celle du sol ; il en est de même sur beaucoup d'autres points dans les environs de Rety, et l'on peut dire qu'en général leur inclinaison suit celle de la surface du sol. Les exploitations de la pierre blanche ne vont jamais jusqu'à la formation inférieure, parce que les bancs devenant ferrugineux ne sont plus propres aux constructions ; aussi il ne m'a pas été possible de déterminer exactement la puissance de cette formation. La plus considérable que j'aie mesurée est de huit mètres, à la carrière de l'Écalode ; à celle de la Colonne, la partie oolitique, qui repose sur le stinkalk, n'a que quatre mètres d'épaisseur.

Ce groupe forme de grands plateaux peu accidentés qui s'élèvent jusqu'à 110 mètres au-dessus du niveau de la mer, et penchent doucement vers les vallées qui les limitent. Ce n'est que dans la partie nord du bassin que la grande oolite se montre à la surface; un coup d'œil sur la carte fera connaître la manière dont elle y est distribuée. C'est dans les environs de Marquise que sont les plus grandes exploitations, et cela, parce que la pierre y est de meilleure qualité que partout ailleurs. A Rety, Locquinghen, on l'exploite aussi un peu pour tailler; mais comme la plupart du temps elle est très-friable, elle sert surtout à marner les terres, et on la nomme pierre grise.

Considéré sous le rapport de l'agriculture, le sol occupé par la grande oolite est d'une fertilité moyenne; on y voit de grandes plaines couvertes de céréales; les bois et les pâturages y sont médiocres et assez rares.

La roche étant très-facilement pénétrée par les eaux, les sources et les ruisseaux ne sont pas communs dans cette formation.

TERRAIN DE TRANSITION.

FORMATION HOUILLÈRE.

(*Coal formation.*)

§ 12. Comme je l'ai déjà dit plus haut, le groupe houiller paraît ne s'être développé que sur une très-petite étendue dans le bassin du Bas-Boulonnais. Jusqu'à présent on n'a entrepris avec succès des exploitations de houille que dans les environs de Fiennes, Hardinghen, Locquinghen et Austruy; et je pense que l'on a fort bien fait de se borner à ces localités.

Sur un seul point, fig. (12), le long du chemin qui descend de la verrerie de Locquinghen à la ferme de Rougefort, près du ruisseau du Bois-des-Roches, on voit la grande oolite, parfaitement caractérisée, buter contre le grès houiller. Ici les couches de grès sont presque verticales, et celles de l'oolite ne sont inclinées que de 15°. Ce fait prouve que, dans le Boulonnais, quatre formations : le Lias, le Muschelkalk, le Grès bigarré et le Zechstein, qui, sur plusieurs points de la France, existent entre l'oolite et la grande époque des houilles, manquent entièrement.

Dans les puits pratiqués pour parvenir au charbon, on n'a traversé, avant de rencontrer le grès houiller, que des marnes et des sables ferrugineux, qui reposent horizontalement sur la tranche des couches. J'ai consulté beaucoup d'ouvriers qui ont travaillé à creuser ces puits, et tous m'ont dit n'avoir jamais trouvé sur la formation houillère que des marnes et des sables. L'étançonnage des puits empêche de voir les couches jusqu'à la houille; mais les rapports des ouvriers s'accordant tous, il n'y a aucune espèce de doute sur les roches qui s'y rencontrent. Voici les détails qui m'ont été donnés par Joseph Roussel, chef d'ouvriers au dernier puits creusé. A partir de la surface on a traversé :

12 mètres,	marnes de différentes couleurs.
4	marne jaune.
14	marne bleue.
2	sables ferrugineux.
22	grès houiller.
5	argile schisteuse, lit du charbon.
$1^m,6$,	couche de houille.

Au-dessous est une argile grisâtre qui forme le mur, et dans laquelle on a trouvé de l'eau qui a empêché de creuser plus loin. Enfin, les puits ouverts en 1826 pour établir les deux sondages dont je parlerai bientôt, donnent les mêmes résultats. On a assuré à M. de Bonnard, lors de son voyage dans le Boulonnais, que dans un puits ouvert à Hardinghen on avait traversé le marbre stinkalk avant d'arriver à la houille. Dans ce puits, on exploitait cinq couches de houille qui venaient se perdre contre le marbre, et au-dessous de la cinquième on retrouvait le même marbre. Il était naturel, comme l'a fort bien fait M. de Bonnard, de supposer la disposition représentée dans la fig. (19). Le même fait a conduit M. Garnier à dire que le stinkalk était supérieur à la houille (*). Mais les sondages exécutés en 1826 et 1827 lui ont prouvé le contraire; et à mon passage à Arras, au mois de novembre dernier, ce savant, avec lequel j'ai eu un long entretien, était parfaitement de mon avis sur la disposition de ces deux formations. J'ai vu aux Poteries de Locquinghen

____

(*) Mémoire géologique sur les terrains du Bas-Boulonnais, page 12.

la suite des marnes, argiles et sables qui reposent sur la houille. Les marnes du haut appartiennent au terrain de transport; l'argile bleue, que l'on exploite pour la poterie, est bien la même que celle qui, à Desvres, sépare la craie verte des sables ferrugineux; elle contient la même huître, et, de plus, elle repose sur des sables ferrugineux qui sont identiques avec ceux de Desvres, Wimille, etc.

Il résulte de tout ce que je viens de dire, que, dans le Bas-Boulonnais, la Grande Oolite vient buter contre le grès houiller, et que toute la formation houillère est recouverte, en stratification transgressive, par celle des sables ferrugineux : ce qui est tout-à-fait analogue à ce qui existe dans les environs de Valenciennes.

Maintenant que nous avons bien établi la manière dont le groupe houiller est recouvert, nous allons passer à la description des roches qui le composent.

La formation houillère du Bas-Boulonnais est composée de deux étages : dans le premier je comprends toute la masse de grès houiller; et dans le second, l'alternance des argiles schisteuses, grès et couches de houille.

Immédiatement sous les sables ferrugineux on rencontre un grès micacé, à cassure inégale, à texture fissile, et contenant entre les feuillets beaucoup de débris de végétaux. Ce grès est tantôt dur et tantôt friable ; les ouvriers nomment *Gressiau* la première variété, et *Curière* la seconde ; ils appellent *Bouquette* des portions de cette roche qui contiennent beaucoup de fer pyriteux.

Vers le bas, le grès se charge de parties argileuses, et enfin on arrive à une argile schisteuse d'un gris foncé, brillante à la surface, et onctueuse au toucher, dont l'épaisseur ne dépasse pas cinq mètres, et qui forme le toit de la première couche de charbon. Celle-ci est plus ou moins épaisse ; nous avons vu que dans le dernier puits ouvert elle avait 1^m,6, et qu'au-dessous venait une masse d'argile grisâtre, que les eaux avaient empêché de percer.

Voici ce que M. Garnier dit des exploitations d'Hardinghen, dans son Mémoire sur les mines de houille du Pas-de-Calais (*) : « Le terrain

---

(*) Ouvrage couronné par la Société d'Agriculture de Boulogne, dans sa séance annuelle de 1827.

» houiller d'Hardinghen présente une analogie par-
» faite avec la grande formation du nord de la
» France ; c'est-à-dire pour la composition des
» argiles schisteuses, des grès et des autres particu-
» larités du terrain. On exploite cinq couches de
» houille qui gisent à 600 pieds au-dessous du sol.
» La tête de ces mêmes couches se termine à des
» terrains horizontaux, composés de sable, de marne
» calcaire, d'argile plus ou moins marneuse, et d'un
» sable agglutiné ayant quelque analogie avec le
» *Tourtia*. Ces cinq couches de houille sont séparées
» les unes des autres par des argiles schisteuses mi-
» cacées, des grès houillers et des schistes bitumi-
» neux. La distance réciproque de ces couches de
» houille est de 15 à 20 toises ; il paraît qu'elles
» sont interrompues vers leur pied par le terrain
» de transition. »

Les détails que donne M. Monnet sur les exploitations du charbon d'Hardinghen, se rapportent
assez bien avec ceux-ci.

La houille d'Hardinghen est un assez bon combustible, mais on s'en sert peu pour la forge ; elle
contient du fer pyriteux en plaques minces. J'y ai
remarqué les variétés schisteuse et irisée ; quelques

échantillons ont tout-à-fait l'aspect et la cassure du charbon de bois, et tachent fortement les doigts.

Les métaux que renferme cette formation sont : du fer pyriteux, dans toute la masse, et particulièrement dans le grès houiller ; par son exposition à l'air, cette substance passe à l'état de sulfate ; des nodules de fer carbonaté, souvent très-gros, que je n'ai vus que dans les argiles du mur ; enfin des paillettes de mica disséminées dans toutes les roches de ce groupe, et surtout dans le premier étage.

Depuis quelques années on rencontre, surtout dans les anciennes galeries, des amas considérables de grizou (gaz hydrogène carboné) qui, avant l'emploi de la lampe de Davy, ont causé des accidens très-graves.

Les seuls restes organiques de cette formation sont les empreintes de végétaux que nous avons déjà citées dans le grès houiller, où elles sont très-communes ; les argiles schisteuses en paraissent entièrement dépourvues. Ces empreintes appartiennent, celles en réseau, à des *Lepidodendron* ; les tiges cannelées, à des *Fougères*, et les feuilles linéaires, à des *Poacites*.

L'inclinaison des strates du grès houiller, ainsi que celle des couches de houille, varie; près de Rougefort, fig. (12), ce grès, presque vertical, plonge au sud-est. M. Garnier dit que l'inclinaison générale est vers le nord-est; enfin M. de Bonnard considère le groupe houiller d'Hardinghen comme formant une espèce de selle, dont une partie plonge au nord et l'autre au midi.

La puissance de cette formation ne peut pas se déduire des observations faites dans le dernier puits creusé, puisque ce puits ne va pas jusqu'à la formation inférieure; et que d'ailleurs sa direction n'est point perpendiculaire à la stratification. On ne peut pas la conclure non plus exactement du sondage dont les détails sont ci-joints; mais il nous montre que, sur le point où il a été fait, cette puissance ne dépasse pas 15 mètres. D'après les observations de M. Garnier, elle serait beaucoup plus considérable, puisqu'il dit qu'on exploite à Hardinghen cinq couches de houille dont la distance réciproque est de 15 à 20 toises.

J'ai déjà dit que dans le Bas-Boulonnais la formation houillère ne s'est développée que sur un petit espace limité aux environs de Fiennes, Har-

dinghen et Locquinghen ; l'exploitation du charbon dans ces localités paraît fort ancienne, et aujourd'hui les couches sont presque épuisées. On a
déjà fait plusieurs sondages dans lesquels on a traversé la masse des grès et argiles schisteuses, sans
trouver des couches de combustible exploitables.
Ces sondages ont démontré que le groupe houiller
recouvre le stinkalk. Voyez ci-après les détails du
sondage du bois d'Aulne, que l'on exécutait pendant mon séjour à Hardinghen, et qui m'ont été
communiqués par M. Caron, préposé aux ventes,
ainsi que tous les échantillons des roches que la
sonde avait traversées. On en a fait un à Austruy,
dans la Pâture à Fontaine, depuis août 1826 jusqu'en mai 1827, qui a donné absolument les
mêmes résultats que celui du bois d'Aulne. Là,
après avoir traversé tout le groupe houiller, à
340 pieds au-dessous du sol, on est tombé sur le
stinkalk, dans lequel on a creusé 60 pieds avec
l'espoir de trouver au-dessous de nouvelles couches
de houille ; mais on a été trompé et obligé d'abandonner les travaux. A cent pas de là, dans la même
pâture, on voit le stinkalk reposer sur un marbre
noir dont nous parlerons plus tard.

DÉTAILS DU SONDAGE DU BOIS D'AULNE,

EXÉCUTÉ EN 1827.

Un puits de 54 pieds a été exécuté, à la bêche, dans les marnes et les sables ferrugineux; ensuite on a établi la sonde qui a donné les résultats suivans:

pieds	pouces	NOMS DU REGISTRE DE M. CARON	OBSERVATIONS.
0	5	Houille	
1	3	Carrière et bouquette	Grès houiller pyriteux.
0	3	Houille	
5	0	Argile noirâtre, schisteuse	
2	0	Bouquette	Grès houiller pyriteux.
4	0	Terre mêlée de blanc	Schiste et grès houiller.
4	0	Blanc	Argile blanchâtre.
5	5	Inconnu	Argile grisâtre.
1	3	Idem	Idem.
0	4	Bouquette	Grès houiller pyriteux.
17	8	Terrain noir compacte	Argile bitumineuse.
1	4	Inconnu	Grès micacé avec unio.
1	1	Idem	Idem.
3	3	Idem	Argile onctueuse rougeâtre.
0	8	Rocher blanc	Marne blanchâtre.
5	9	Marbre	Marbre stinkalk.
1	4	Inconnu	Marne sableuse.
1	6	Marbre	Il était très-brisé.
3	5	Idem	Idem.
4	4	Stinkalk	En petits morceaux.
5	5	Couche de terre mêlée de rocher	Marne.
1	3	Débris de coquillages	En poudre.
8	0	Terre et rocher	Idem.
5	1	Rocher	Idem.
1	0	Couche de terre	Marne.
1	3	Rocher	En poudre.
0	10	Terre	Marne.
7	0	Rocher	Très-brisé.
0	9	Terre	Marne.
2	6	Rocher	En poudre.
1	8	Coquillages et eau	Débris de coquilles.
9	7	Rocher et bouquette	Calcaire et fer pyriteux.
165			
54			
219			

Ici la sonde n'entrait plus; enfin elle s'est cassée, et tout a été arrêté. Ce sondage, qui présente les mêmes résultats que celui d'Austruy, prouve bien que la formation houillère recouvre celle du stinkalk.

Je n'ai vu les roches de la formation houillère à la surface du sol que sur un très-petit espace, dans le lit du ruisseau qui descend de la carrière Noire, en sorte que je ne puis rien dire sur leurs propriétés agricoles. Les argiles retiennent si facilement les eaux, que les inondations obligent souvent les ouvriers d'abandonner les travaux.

GRÈS MICACÉ AVEC UNIO.

§ 13. Sur le plateau du bois des Roches, à la ferme du Far (Hardinghen), dans le bois des Sauls, dans celui de Beaulieu et près de Ferques, on voit paraître à la surface un grès blanc micacé, souvent fissile, à cassure inégale, et généralement assez bien stratifié. Ce grès est entièrement siliceux ; il raie très-fortement le verre et ne fait aucune effervescence dans les acides.

A la ferme du Far, dans le bois de Beaulieu, et près du bois des Roches, les strates sont remplis de bivalves qui, d'après M. Lefroy, appartiennent à l'*Unio subconstrictus* de Sowerby.

MM. de Bonnard et Garnier m'ont assuré que, dans plusieurs puits, on avait trouvé ce grès immédiatement sous la dernière couche de la formation houillère; ce qui est tout-à-fait d'accord avec les sondages du bois d'Aulne. Quant à moi, je n'ai jamais vu cette roche recouverte; mais, entre Ferques et le Point du Jour, j'ai remarqué qu'elle repose sur une marne rouge qui, à quelques pas de là, et dans les carrières du Haut Banc, occupe la partie supérieure de la formation du stinkalk. De ces faits on peut conclure que le grès micacé avec unio se trouve placé entre la houille et le stinkalk, et qu'ainsi il occupe la même position géognostique que le *Millstone grit and shale* des Anglais. Nous reviendrons sur ce sujet dans la seconde partie.

Cette roche ne se montrant jamais assez à découvert pour que l'on puisse bien observer ses rapports géognostiques, il est impossible de dire si elle forme un groupe particulier, ou si c'est le dernier étage de la grande époque des houilles; cependant la dernière opinion me paraît la plus probable.

La pierre que je viens de décrire est celle à qui M. Monnet a donné le nom de *Grès à rémouleur*, parce qu'on s'en sert dans le pays pour faire des meules à aiguiser. M. Garnier la nomme *Grès blanc micacé*. M. Fitton n'en parle pas.

L'épaisseur de cette roche paraît ne pas être considérable; d'après le sondage déjà cité elle n'est que de trois pieds et demi. Son inclinaison est de 10° à 20°; les points vers lesquels les couches plongent varient dans chaque localité. Dans le bois de Beaulieu, la stratification concorde parfaitement avec celle du stinkalk; ce qui prouve qu'il n'y a point eu d'intervalle entre les dépôts de ces deux roches.

FORMATION DU STINKALK.

(*Mountain limestone*).

§ 14. Nulle part on ne voit à la surface la formation houillère reposer sur celle que nous allons décrire; mais les sondages ont démontré cette superposition.

Dans les environs de Marquise, où le groupe houiller manque entièrement, le long du ruisseau de l'Eulinghen, aux carrières de Lunelle et de la Colonne, la grande Oolite repose, en stratification à peu près concordante, sur le stinkalk (*).

(*) Cette formation est peu connue en France, où on ne

Cette formation n'a qu'un seul étage, et ses caractères géognostiques sont à très-peu près les mêmes sur tous les points où elle se présente. Elle est très-bien développée, et les escarpemens qui s'y trouvent en facilitent beaucoup l'étude.

La partie supérieure est occupée par des marnes rouges qui pénètrent un peu dans la masse. C'est sur ces marnes que, près de Ferques, repose le grès à unio. Dans les petites carrières du Haut Banc, fig. (16), au-dessus de ces marnes, viennent des couches assez minces d'un calcaire compacte à cassure inégale, et rempli d'une grande quantité de madrépores branchus.

Ce calcaire est fissile ; il se divise en plaques minces qui sonnent sous le marteau, propriété commune à tous les blocs des différentes variétés de roches de cette formation. Après cinq ou six strates, on en trouve trois d'un calcaire sableux très-fétide et rempli de madrépores, que les ouvriers nomment bancs de sable. Au-dessous de ceux-ci, viennent des couches calcaires semblables

lui a point encore donné de nom ; c'est pourquoi je lui conserve celui qu'elle porte dans le Boulonnais.

à celles du haut, et contenant beaucoup de productus, et puis, toute la grande masse du Haut Banc. Ce groupe est parfaitement stratifié; vers le haut, les couches sont peu épaisses; elles n'ont que $0^m,2$ à $0^m,3$; mais leur épaisseur augmente à mesure que l'on descend, et on en trouve dans le bas qui ont plus d'un mètre. Dans toutes les carrières du Haut Banc, qui s'étendent depuis le village d'Elinghen jusqu'à celui de Bouquinghen, dans la vallée Heureuse, on remarque deux textures dans le calcaire : il est tantôt compacte et tantôt sublamellaire; souvent les deux variétés existent dans le même strate. Le calcaire compacte offre plusieurs variétés dans sa cassure, elle est cireuse, inégale ou imparfaitement conchoïde. Celle de l'autre calcaire est lamellaire. Le stinkalk se dissout entièrement dans l'acide nitrique avec une vive effervescence; l'analyse de cette dissolution a prouvé qu'il est composé, à peu près, de quatre parties de carbonate de chaux et une de carbonate de magnésie. Les échantillons sont tous plus ou moins fétides.

Dans toutes les carrières du Haut Banc, fig. (15), on voit une espèce de fissure, parallèle à la stratification, qui paraît diviser la masse en deux parties ; mais la roche est bien la même au-dessus et au-dessous, seulement les lits du haut sont plus minces que ceux du bas. Toutes les fissures de stratification et les plans de joint des couches sont colorés en rouge par du peroxide de fer, qui se détache quelquefois en plaques assez larges : cette couleur est un des caractères les plus tranchés de la formation ; on la retrouve partout.

La masse calcaire présente beaucoup de cavernes, dont quelques-unes sont assez grandes : j'en ai vu une de forme conique qui avait 10^m de diamètre et 4^m de hauteur ; elle était tapissée de stalactites très-communes. Beaucoup de grandes fentes verticales sont remplies de marne grisâtre, et quelques fissures obliques, de spath calcaire rhomboïdal. J'ai examiné le sol des cavernes avec grand soin, et je n'y ai point trouvé d'ossemens. On remarque sur certains strates une infinité de traces irrégulières, que M. Fitton croit être des traces de pholades ; d'où il conclut que la surface de la roche a été exposée pendant un certain temps aux coups de ces animaux avant le dépôt de l'Oolite.

A la partie inférieure du Haut Banc, sont des

lits susceptibles de prendre un beau poli, et auxquels on donne le nom de marbre. Ces lits sont des variétés de la roche; quelquefois le même strate est moitié marbre et moitié calcaire ordinaire. L'aspect extérieur du stinkalk change suivant les localités; mais dans toutes les carrières du Haut Banc, celles depuis Fiennes jusqu'à la ferme de la Côte, celles de Beaulieu, d'Austruy, et enfin sur toute la portion de pays colorée en rouge dans la carte, c'est bien la même formation; les fossiles sont partout les mêmes, quoique leur quantité varie, et que sur certains points ils manquent entièrement. Dans les environs de l'Eulinghen et entre le bois de Beaulieu et celui de Fiennes, on trouve des effleuremens d'une véritable dolomie d'une couleur gris de cendre, et remplie d'une infinité de petites cavités qui lui donnent l'aspect d'une lave poreuse. Cette roche est intercalée dans la formation du stinkalk, mais je ne l'ai vue nulle part en contact ni alterner avec lui. Elle contient les mêmes madrépores, ayant éprouvé une altération très-sensible que je serais porté à attribuer à la chaleur. Ce fait et l'aspect poreux de la roche m'engagent à la considérer,

d'après les idées de M. de Buch, comme des portions du stinkalk qui ont été chauffées en place.
On peut encore ajouter que la dolomie est très-bien
stratifiée, et que sa stratification concorde parfaitement avec celle du stinkalk qui l'environne de
tous les côtés. La cassure de cette pierre est inégale;
les éclats exhalent une odeur fétide très-forte, ils
ne raient pas le verre, et se dissolvent lentement
dans l'acide nitrique sans laisser aucun résidu.

Les calcaires exploités dans la grande bande de
Ferques, les carrières de Beaulieu et celles de
Fiennes, sont plus particulièrement nommés marbres; ils diffèrent de ceux du Haut Banc par leurs
couleurs plus foncées; les strates inférieurs sont
tachetés de noir, ce qui produit, au poli, un fort
joli effet.

Il est impossible de suivre la succession des
couches depuis le Haut Banc jusqu'aux carrières
de Ferques; néanmoins je suis porté à croire que
celles de cette dernière localité sont plus anciennes
que les autres.

Le fer oxidé, qui colore les fissures de stratification, est le seul métal que j'aie vu dans toute cette
formation; on y trouve quelques veines stéatieuses.

Le spath calcaire est très-commun ; il se présente en petits filons souvent très-nombreux, et en grosses masses qui se divisent en rhomboïdes sous le marteau. Nous avons déjà parlé des stalactites dont les grottes sont tapissées ; le calcaire concrétionné qui les compose est presque toujours impur ; les productions sont très-petites ; en sorte que ces grottes n'offrent rien de remarquable.

Dans la vallée du Haut Banc les fossiles sont assez rares ; cependant aux Petites-Carrières la roche est pétrie de madrépores, et quelques strates sont remplis de productus, parmi lesquels on remarque des spirifers. C'est depuis Fiennes jusqu'à la Chapelle, que les restes d'animaux marins sont le plus abondans. Cette localité nous présente deux espèces de caryophyllies, des madrépores branchus qui sont identiques avec ceux du Haut Banc ; plus, deux espèces du genre Cyathophyllum (*lamellosum* et *placentiforme*), dont quelques individus ont jusqu'à $0^m,5$ de diamètre. MM. Lefroy et Michelin ont reconnu dans les coquilles les espèces suivantes :

Ammonites.
Productus hemisphericus, Sow.
Spirifer attenuatus, Sow.

Spirifer striatus, Sow.

Spirifer lineatus, Sow.

Terebratula reticularis.

Terebratula.

Strophouema.

C'est dans les fissures de stratification que les restes organiques se trouvent plus particulièrement : les productus sont très-communs dans les petites carrières, et les spirifers abondent dans la grande bande de Ferques.

Toutes les exploitations du stinkalk sont à ciel ouvert. Dans le Haut Banc, la hauteur des escarpemens varie de 10^m à 20^m; depuis Fiennes jusqu'à la ferme de la Côte, les carrières sont moins profondes. La vallée heureuse est une vallée de fracture; le sens de l'inclinaison des strates varie suivant le mouvement du terrain, et l'angle avec l'horizon de 10° à 30°. A la carrière du mont de St-Pierre, les couches plongent au nord; mais ensuite elles se dirigent indistinctement au nord, au sud et à l'ouest : depuis Fiennes jusqu'à la ferme de la Côte, elles plongent constamment au sud, sous un angle qui varie de 20° à 35°.

Cette formation s'élève jusqu'à 112 mètres au-

dessus du niveau moyen de la mer : elle ne se montre que dans la partie nord du bassin, où elle occupe un grand plateau sillonné par quelques vallées.

Le stinkalk est exploité avec beaucoup d'avantages. Les carrières du Haut Banc fournissent peu de marbre, mais d'excellentes pierres de construction. On tire de celles de Ferques, de Beaulieu et de Fiennes, des marbres qui prennent un fort beau poli, et qui commencent à être très-employés en France et en Belgique.

M. Sauvage a inventé des machines à vent extrêmement ingénieuses, qui débitent les blocs et polissent les plaques; ce qui lui permet de donner ses marbres à très-bon marché. Il serait à souhaiter que le Gouvernement fît quelques sacrifices pour encourager cet habile mécanicien, qui a su tirer un si grand parti des marbres du Boulonnais, et dont les efforts méritent d'être secondés.

Le sol occupé par la formation du stinkalk est peu fertile : on y voit beaucoup de friches et de maigres pâturages; les céréales y croissent moins bien que sur l'oolite.

Les puits creusés dans ce groupe n'ont que huit à dix mètres de profondeur ; cependant il y a peu de ruisseaux, et la surface paraît assez sèche.

MARBRE NOIR.

§ 15. De tous les savans qui ont visité le Boulonnais, aucun n'a parlé du groupe que nous allons décrire, et qui diffère essentiellement du précédent. La roche qui le compose ne se montre que sur trois ou quatre points, dans les environs d'Hardinghen, où elle n'est exploitée que depuis peu d'années, ce qui est probablement cause qu'elle a échappé jusqu'à présent à l'attention des observateurs. Après avoir bien étudié cette formation dans le seul endroit où ses strates sont exploités, j'ai été assez heureux pour rencontrer une carrière dans laquelle on avait été obligé de traverser le stinkalk pour y arriver ; ce qui m'a permis de bien voir les rapports géognostiques des deux groupes.

A la carrière Noire fig. (12) on exploite comme marbre, six bancs d'un calcaire plus ou moins noir. Ceux du bas ont un mètre d'épaisseur, ceux du haut sont plus minces ; ces strates sont séparés

les uns des autres par de petites couches de schiste
bitumineux ; on y remarque beaucoup de veines
blanches de spath calcaire, et des plaques assez larges
de silex corné, très-fragile et d'une couleur brune.
Le calcaire est compacte ; sa cassure est inégale ou
imparfaitement conchoïde ; les éclats exhalent une
odeur très-fétide ; des portions de la roche sont
remplies de petites entroques.

Le marbre noir diffère du stinkalk sous tous
les rapports ; l'œil le moins exercé peut reconnaître
qu'il appartient à une autre formation : on n'y
remarque plus cette couleur rouge si caractéristique du groupe n° 14 ; les ouvriers eux-mêmes
disent que ces deux roches ne sont pas de la même
famille. D'après le profil n° 12, où le stinkalk succède au marbre noir et incline comme lui au sud-
ouest, on peut présumer que cette formation est
recouverte par la première. Dans la Pâture à Fontaine, près d'Austruy, cette présomption est complétement vérifiée fig. (17) ; là, le stinkalk, parfaitement caractérisé, repose sur le marbre noir en
stratification concordante : les deux roches inclinent
à l'est sous un angle de 18° ; le dernier strate de stinkalk repose sur une mince couche de schiste bitu-

mineux ; ensuite vient un petit banc de marbre noir de 0,^{m}1 d'épaisseur, puis une autre couche de schiste, après un banc calcaire de 0^m,4, et dessous, un troisième qui n'était pas entièrement à découvert.

Dans cette localité, le calcaire inférieur est identique avec celui de la carrière Noire, et contient les mêmes fossiles. Le sondage d'Austruy, dont j'ai parlé § 13, a été fait à cent mètres au nord du profil n° 17 ; ainsi, sans aucune espèce de doute, le groupe houiller repose sur le stinkalk, et celui-ci sur le marbre noir, qui est la roche la plus ancienne de toutes celles du bassin du bas Boulonnais.

La formation du calcaire noir contient du fer pyriteux, du spath calcaire en veines, et du silex corné.

Les fossiles sont assez abondans : nous avons déjà dit que la roche contenait beaucoup d'entroques ; on n'y remarque plus ces madrépores branchus qui sont si communs dans le stinkalk ; j'y ai trouvé une espèce du genre *caryophyllia* différente de celles qui appartiennent à ce dernier groupe. Parmi les coquilles, qui sont toutes bivalves, MM. Lefroy et Michelin ont reconnu les espèces suivantes :

Terebratula resupinata, Sow.
Spirifer trigonalis, Sow.
Productus sulcatus, Sow.
Productus antiquatus, Sow.

Ce groupe s'élève jusqu'à 75^m au-dessus du niveau de la mer ; il n'est exploité qu'à la carrière Noire, sur une épaisseur de 4 mètres seulement ; en sorte qu'il est tout-à-fait impossible d'en déterminer la puissance. Il ne paraît que sur trois points dans les environs d'Hardinghen : à la carrière noire, dans la Pâture à Fontaine et près la Piloterie. Sur chacun de ces trois points, la roche est très-peu à découvert, et les strates penchent dans des sens différens ; ceux de la carrière Noire plongent au sud-ouest sous un angle de 18° ; dans la Pâture à Fontaine ils plongent vers l'est, et vers le sud à la Piloterie. Les eaux paraissent très-communes dans cette formation, car à la carrière Noire, elles ont empêché les ouvriers de creuser plus bas.

SECONDE PARTIE.

Dans toute description, il faut commencer par bien faire connaître les objets dont on s'occupe, avant de vouloir établir leurs rapports avec ceux déjà classés. C'est ce qui m'a engagé à décrire les différentes formations géognostiques du bassin du bas Boulonnais dans l'ordre naturel, sans m'occuper en aucune manière des relations qui peuvent exister entre ces formations et celles de l'intérieur de la France et de l'Angleterre, dont les positions sont bien fixées. J'ai donné, il est vrai, à mes groupes des noms qui appartiennent à d'autres bien connus; ce qui a dû porter le lecteur à les regarder comme identiques avec ceux-ci; mais il fallait bien les désigner de quelque manière, et je ne pouvais pas choisir de meilleurs noms que ceux qui leur conviennent. Il me reste maintenant à prouver que ma classification est parfaitement en rapport avec les lois de la géognosie, à faire connaître quelles sont les localités de la France et de l'Angleterre dans lesquelles se montrent des formations analogues à celles du Boulonnais, et jusqu'à quel point l'identité peut être établie.

L'extrait du travail de M. Fitton, dont j'ai déjà parlé au commencement de cet ouvrage, va me servir de guide pour l'Angleterre, que je n'ai pas visitée. Quant à l'intérieur de la France, je me suis servi de mes propres observations, et des avis de MM. Brongniart, Elie de Beaumont et Passy.

1° Dans l'introduction, je crois avoir bien défini ce que j'entends par terrain de transport, et suffisamment expliqué les deux divisions que les Anglais y ont établies, et que j'ai adoptées.

Les alluvions se rencontrent partout; il n'est point de pays où les rivières ne forment des attérissemens, où les escarpemens ne s'éboulent, etc.

2° Le diluvium est plus rare; cependant il existe dans un grand nombre de localités, et son étude, quoique très-importante, a été fort négligée dans notre pays. Les graviers des plaines des environs de Paris, les poudingues qui s'étendent tout le long des vallées du Rhône et de la Durance, etc., appartiennent à cette division. Mais s'ils sont de la même époque géognostique que celui de Boulogne, ils en diffèrent essentiellement ; car dans les premiers on a de la peine à dire d'où viennent les matériaux qui les composent, tandis que dans le Boulonnais, ce sont des silex qui ont évidemment été arrachés de la masse crayeuse. Cette formation, que je n'ai eu occasion d'observer que sur les bords de la Manche, me semble n'avoir point été décrite, et j'engage beaucoup les observateurs à la signaler toutes les fois qu'ils la rencontreront.

Les tourbes du diluvium se trouvent sur plusieurs points du littoral de la France, entre Calais et La Rochelle.

3° Les blocs de grès tertiaire que l'on exploite çà et là sur les montagnes de craie, ont bien quelque analogie avec ceux de Fontainebleau ; mais comme ils ne sont point recouverts, il est tout-à-fait impossible de dire s'ils appartiennent à la même formation.

4° La craie du Boulonnais s'étend dans toute la Picardie : je l'ai retrouvée à Montreuil, Arras et Amiens. Dans le pays de Bray, M. Passy y a reconnu les trois étages que j'ai décrits. Cette formation présente la plus grande analogie avec celle des environs de Paris ; les silex y sont distribués absolument de la même manière ; les fossiles sont exactement ceux cités dans l'ouvrage de MM. Brongniart et Cuvier ; enfin mes trois étages correspondent très-bien aux trois assises que M. Brongniart a nommées : *craie blanche*, *craie tufau* et *glauconie crayeuse*. En Angleterre, les deux premiers étages de cette formation, qui sont identiques avec les miens, existent dans les falaises, depuis Dover jusqu'à Folkstone, et tous les trois dans l'ouest du Sussex et les îles de Wight et de Purbeck.

La couche d'argile avec huîtres, qui sépare ce groupe de celui des sables ferrugineux, est celle que les Anglais ont nommée *gault*, et dans laquelle ils citent des ammonites que nous ne trouvons point dans le Boulonnais ; mais la position géognostique est bien la même que dans le Kent et le Sussex, où cette couche est parfaitement développée. M. Passy l'a observée dans le pays de Bray, séparant également la craie des sables ferrugineux. Je ne sache pas qu'on l'ait encore citée sur d'autres points de la France.

5° Les sables ferrugineux, qui viennent immédiatement au-dessous de cette argile, sont bien les mêmes que ceux qui succèdent à la formation de la craie dans toute la France. M. de Humboldt a donné à ce groupe le nom de *Grès secondaires à lignites*, à cause de la grande quantité de végétaux fossiles qu'il renferme. Dans les environs de Paris on y trouve beaucoup de coquilles, dont plusieurs ressemblent à celles de la craie. A Boulogne, cette formation contient des lignites, mais elle paraît entièrement dépourvue de coquilles; ce qui ne peut pas nous empêcher de la rapporter à la même époque géognostique : car on a souvent vu la même roche, remplie de fossiles dans certaines localités, n'en pas contenir un seul dans d'autres. Le Muschelkalk offre de nombreux exemples de ce fait.

M. Fitton regarde nos sables ferrugineux comme appartenant à la même formation que les *Shanklin sands* ou *lower green sands*, que l'on voit immédiatement sous le gault, depuis Folkstone jusqu'à Hythe, dans le Kent et le Sussex, à Shanklin et dans l'île de Wight. Au pays de Bray, ils séparent le groupe de la craie de celui du gryphea virgula.

6° Nous avons dit, § 6, que ces sables reposaient sur une couche d'argile bitumineuse, dans laquelle on ne trouvait pas une seule coquille. Cette argile existe dans le pays de Bray; mais on ne l'a point encore observée sur d'autres points de la France. Le docteur anglais dit ne l'avoir point vue, non plus que les lits analogues à ceux que les géognostes de sa nation nomment *hastings sands*. Quant à moi, je n'ai rien remarqué qui ressemblât à ces derniers : ainsi, probablement ils manquent dans le Boulonnais ; mais alors l'argile tient la place du *wealdclay*, que le savant docteur dit n'avoir point trouvé. Cette couche n'est point identique avec le wealdclay : car en Angleterre celui-ci renferme beaucoup de coquilles fluviatiles, et elle ne contient pas un seul reste du règne animal, mais elle occupe la même position dans l'ordre géognostique ; car il nomme *purbeckstone* le calcaire tuberculé sur lequel elle repose ; et, en Angleterre, le wealdclay sépare le lower green sand, des hastings sands qui recouvrent immédiatement le purbeckstone.

7° Je ne sache pas que, dans aucune partie de la France, on ait cité une formation analogue à celle de la pierre d'Honveaux. Cette pierre, à laquelle j'ai donné le nom de calcaire tuberculé, à cause de la grande quantité de tubercules que l'on remarque dans sa masse, est la couche unique d'une formation mal développée : car on ne peut pas la placer dans le groupe inférieur, avec lequel on ne peut lui trouver aucune analogie; et elle est séparée de celui des sables ferrugineux par l'argile bitumineuse. M. Fitton la rapporte au purbeck-stone des Anglais, et je pense qu'il n'y a rien de mieux à faire que d'admettre son opinion à cet égard.

8° J'ai désigné sous le nom de formation du *Gryphea virgula*, une suite de roches parfaitement liées entre elles, qui toutes contiennent cette coquille en plus ou moins grande quantité, et ont en outre beaucoup d'autres fossiles communs. C'est l'abondance extraordinaire du Gryphea virgula dans ce groupe qui m'a engagé à lui donner son nom, d'autant plus qu'on ne la retrouve dans aucun autre, excepté dans les premières couches de celui qui est immédiatement inférieur; mais encore y est-elle fort rare.

Cette formation est très-bien développée dans le Boulonnais. C'est elle, comme nous l'avons dit § 8, qui constitue toutes les falaises depuis

Equihen jusqu'aux dunes de Wissant. Je l'ai vue, très-bien caractérisée et occupant la même position géognostique, dans les environs de Cosne (Nièvre). Je l'ai aussi retrouvée dans le département des Bouches-du-Rhône, sur les bords de l'étang de Berre, reposant, comme à Boulogne, sur un calcaire à nérinées (*). M. Passy a vu absolument la même chose dans le pays de Bray; et il assure que dans cette localité, à Saint-Nicolas d'Aliermont, en creusant un puits pour chercher de la houille, on avait trouvé, à partir de la craie blanche, une suite de formations qui offrent les plus grands rapports avec celles du Boulonnais. Au cap de la Hève, ce groupe est aussi parfaitement développé, et absolument le même qu'à Boulogne. M. Desnoyers l'a observé dans la partie nord-ouest de la France, et le nomme *marnes argileuses de Honfleur et de Bellesme* (**); enfin c'est lui que l'on désigne depuis

---

(*) Notice géognostique sur les terrains secondaires du littoral de l'étang de Berre. Annales de la Société Linnéenne de Normandie, 1827.

(**) Esquisse de la stratification de la formation oolitique dans la partie nord-ouest de la France.

long-temps sous le nom de *marnes supérieures au terrain jurassique*; et partout où il s'est présenté on y a retrouvé le Gryphea virgula en grande quantité. Il me semble que l'on doit regarder cette coquille comme le caractérisant absolument, de la même manière que le Gryphea arcuata caractérise le Lias.

Les grès calcaires du premier étage de cette formation sont regardés par M. Fitton comme analogues au *Portland stone* de Garsington, de Bucks, de Brikhill et de l'Oxfordshire. Les deux autres se rapportent très-bien au *Kimmeridge and Weymouthbeds*, qui existe près de Weymouth, d'Hedington, et dans le comté d'Oxford.

En France, l'ensemble des roches qui contiennent le Gryphea virgula me paraît constituer une formation bien caractérisée, et qui peut servir d'horizon géognostique.

9° Le calcaire compacte qui est immédiatement recouvert par les derniers strates du groupe précédent, est celui que l'on a si souvent décrit comme appartenant aux premières assises du terrain jurassique. Il existe dans les environs de Cosne, immédiatement sous les Gryphées virgules ; il passe à l'Oolite; mais je ne l'ai pas assez étudié pour y reconnaître les quatre étages dont j'ai parlé. Nous l'avons vu, sur les bords de l'étang de Berre, contenant les mêmes nérinées et térébratules, plus une quantité considérable d'hippurites et de sphérulites, dont nous n'avons trouvé aucun indice dans le Bas-Boulonnais. C'est ce groupe que M. Desnoyers a nommé *Oolite de Mortagne*, et dans lequel il reconnaît absolument la même succession de roches que moi.

M. Fitton regarde bien la première formation oolitique comme l'analogue de son coral-rag; et il nomme pour points de comparaison Weymouth, Hedington et les carrières de l'Oxfordshire. De même qu'en Angleterre, les calcaires compactes occupent la partie supérieure; viennent ensuite les Oolites, les calcaires siliceux et les sables ferrugineux, absolument dans le même ordre. Enfin, nous trouvons également l'*Ostrea gregaria*, que les Anglais citent comme caractéristique de cette formation; ainsi rien ne manque à l'identité.

10° La marne bleue, avec *Gryphea cymbium et gigantea*, ne se lie aucunement avec les deux formations oolitiques qu'elle sépare; c'est pourquoi j'ai cru devoir en former un groupe particulier. L'observateur anglais dit que les fossiles sont identiques avec ceux de l'*Oxfordclay* des environs d'Oxford et de Weymouth ; et, dans l'extrait cité, il n'hésite pas à lui donner ce nom. En Angleterre, on remarque également deux étages dans cette formation ; le dernier est nommé *kellowayrock*, et il correspond parfaitement aux calcaires marneux qui, dans les environs de Marquise, reposent immédiatement sur la grande Oolite. M. Desnoyers range ce groupe dans le système Oolitique moyen, et le nomme *marnes argileuses de Dives ou de Mamers*.

Dans les îles Britanniques, on trouve à la partie supérieure de la grande Oolite des calcaires compactes, auxquels on a donné les noms de *Cornbrash* et *Forest-marble*. Dans notre bassin ces deux étages n'existent pas, et la marne repose brusquement sur le premier strate oolitique. Cette formation est bien la même que celle de Bath. Elle offre la plus grande analogie, tant sous le rapport de la composition de la roche que sous celui des fossiles, avec celle que nous avons décrite, M. Delcros et moi, dans le Mémoire déjà cité. Le second étage a les plus grands rapports avec l'Oolite inférieure des environs d'Aix en Provence. Dans la partie nord-ouest de la France, la grande Oolite est développée à Valogne, Caen et Argentan. Ce groupe est bien le même que l'Oolite inférieure du terrain jurassique, qui est très-bien développée dans notre pays. M. Boblaye, mon collègue, a observé dans les environs de Steney (Meuse) une formation oolitique qui est absolument identique avec la nôtre. Enfin, M. E. de Beaumont a retrouvé, dans les départemens des Ardennes et de la Meuse, un terrain oolitique tout-à-fait semblable à celui du Boulonnais.

Nons avons dit dans la première partie, § 11, que la grande Oolite repose sur le stinkalk, en stratification à peu près concordante, et qu'elle vient buter contre le grès houiller. Nous avons aussi fait remarquer que la formation houillère ne s'est développée que sur un très-petit espace ; et que partout ailleurs elle manque. M. Garnier ne la regarde pas comme une prolongation de celle du nord de la France, quoiqu'il dise qu'elle est tout-à-fait identique sous le rapport des roches qui la composent. M. Omalius d'Halloy diffère d'opinion avec lui, et voici comme il s'exprime à cet égard (*) : « Il suffirait de comparer la situation » de ce pays avec celle du Hainaut et du Condros, » pour en conclure que le Boulonnais n'est que le » dernier terme de cette série de bassins houillers » qui traversent tout le nord de la France, et la » ressemblance que nous avons observée entre tous » les bassins ne permettrait pas de douter que » celui-ci ne fût encore semblable aux autres. » Quant à moi, j'ai reconnu une identité parfaite entre la composition de la formation houillère du Bas-Boulonnais et celles de Blanzy en Bourgogne, et des environs de Saint-Étienne : ce sont bien les mêmes grès, argiles schisteuses, et empreintes végétales. M. Fitton la rapporte à la grande formation houillère de l'Angleterre, *coal formation*.

Quant au grès micacé avec unio qui vient immédiatement sous les houilles, il n'en parle pas, et je ne sache pas qu'il ait encore été trouvé en France. J'ai vu, chez M. Brongniart, des échantillons d'un grès semblable contenant absolument la même coquille, et qui venaient des Isnes, à

(*) Journal des Mines, 1808, T. II, page 349.

l'ouest-nord-ouest de Namur. Dans l'ouvrage de MM. Philipps et Conybear, on a décrit, sous le nom de *Millstone grit and shale*, des lits de grès schisteux qui ont la plus grande analogie avec ceux-ci, et qui sont précisément dans la même position géognostique, puisque, comme les nôtres, ils sont recouverts par les houilles et reposent immédiatement sur le *Mountain limestone*.

Non seulement la formation du stinkalk occupe la même position géognostique que le mountain limestone du Derbyshire, du Devonshire et des environs de Bristol, mais encore il contient les mêmes fossiles. Dans les localités que nous venons de citer, ce groupe est extrêmement riche en veines métalliques; et dans le Boulonnais, où on l'exploite depuis un temps immémorial, on n'y en a pas découvert une seule. J'ai vu, dans la collection de M. Brongniart, des échantillons recueillis entre Hüy et Liége, qui étaient tout-à-fait identiques avec les miens. En France, cette formation n'a pas encore été étudiée. Il paraît qu'elle se montre sur quelques points dans le département du Calvados. M. E. de Beaumont l'a remarquée dans celui des Ardennes.

Immédiatement sous leur mountain limestone, les Anglais placent un grès, dont la puissance est quelquefois de deux mille pieds anglais, et qu'ils nomment *Old red sandstone*. Ce groupe, qui est développé sur plusieurs points de la France, manque entièrement dans notre bassin, où le stinkalk pose immédiatement, et en stratification concordante, sur le calcaire noir de transition que nous avons décrit au § 15. Nous avons fait voir alors qu'il n'y avait point de liaison entre ces deux roches; que les espèces fossiles étaient différentes, et qu'enfin le marbre noir contenait beaucoup de fer pyriteux et de silex corné, dont je n'ai remarqué aucun indice dans le stinkalk. Telles sont les raisons qui me portent à regarder ces deux calcaires comme constituant des formations différentes.

M. Fitton ni les autres savans qui ont visité le Boulonnais n'avaient remarqué le marbre noir. C'est la première fois que j'ai eu occasion de l'observer, en sorte que je ne puis pas fixer sa position géognostique. M. Passy croit qu'il ressemble beaucoup au calcaire qui est sous la houille à Dudley, et avec lequel les Anglais font la castine pour fondre le fer. J'ai vu chez M. Brongniart la suite des marbres de Namur, et je pense que le nôtre appartient à la même formation.

Tout ce que j'ai exposé dans le courant de cet ouvrage, peut se résumer en peu de mots. Quatre espèces de terrains se montrent à jour dans le bassin du Bas-Boulonnais : le terrain de transport, qui présente deux divisions ; le terrain tertiaire, dont on voit quelques lambeaux disséminés sur les montagnes de craie ; le terrain secondaire, qui présente une suite de formations aussi complète que dans la grande Bretagne, depuis la craie jusqu'à l'Oolite inférieure. Les formations de transition qui viennent immédiatement après la Grande Oolite, sont disposées en stratification discordante avec le terrain secondaire. Dans le sud et l'est du bassin, la stratification de la craie concorde parfaitement avec celle des formations inférieures ; mais dans le nord, elle repose transgressivement sur les groupes de transition, ce qui est entièrement semblable à ce qui existe dans toute la Flandre. Ainsi, il est très-probable que le terrain secondaire terminé par la craie, s'est déposé de cette manière sur celui de transition ; et qu'ensuite la grande débâcle dont nous avons parlé, en emportant la craie, a formé le bassin que nous voyons aujourd'hui.

La fig. (18) donne une idée bien exacte de la disposition des groupes géognostiques dans le Boulonnais. Elle représente la suite de ces mêmes groupes telle qu'on l'observerait en suivant la ligne *LC*, tiréedepuis Desvres jusqu'à Laudrethun.

RAPPORT

FAIT

A L'ACADÉMIE ROYALE DES SCIENCES,

DANS LA SÉANCE DU 11 FÉVRIER 1828,

PAR MM. CORDIER ET BEUDANT.

————

L'ACADÉMIE nous a chargés, M. Beudant et moi, d'examiner un Mémoire qui lui a été présenté par M. Rozet, officier au corps royal des Ingénieurs géographes, et qui a pour titre : *Description Géognostique du Bas-Boulonnais*. Nous allons rendre compte des résultats de cet examen.

Le Bas-Boulonnais forme une zone étroite de terrain qui borde le canal de la Manche depuis Stoples jusqu'à Wissant, et dont la surface n'est guère que la treizième partie de celle du département du Pas-de-Calais. Cette petite contrée se distingue du reste du département par sa constitution variée ; elle en est d'ailleurs séparée nettement par une enceinte naturelle de montagnes basses, offrant à peu près la forme d'un croissant dont les deux extrémités regardent les côtes de l'Angleterre.

Plusieurs géologues se sont à diverses époques occupés de la contrée dont il s'agit, mais d'une manière imparfaite ou incomplète. On peut dire qu'elle n'a commencé à être connue que depuis l'excellent travail qui a été publié, il y a quelque temps, par M. Fitton. Les observations de ce géologue anglais sont le fruit de plusieurs années d'étude ; elles ont prouvé que le bassin du Bas-Boulonnais était exactement formé des mêmes matériaux, placés dans le même ordre et offrant les mêmes accidens que les contrées de l'Angleterre qui sont situées de l'autre côté de la Manche.

Le travail de M. Rozet n'est à proprement parler que le développement de celui de M. Fitton, mais ce développement est plein d'intérêt par les détails nouveaux et nombreux qu'il renferme, par les coupes de terrain et par la carte géologique qui l'accompagnent. L'Académie ayant récemment entendu la lecture de l'extrait du Mémoire de M. Rozet, et ce Mémoire n'étant guère susceptible d'analyse, nous nous contenterons d'en rappeler les résultats principaux.

Le Bas-Boulonnais est en grande partie calcaire; il est principalement composé de terrain oolitique, de terrain de craie et de leurs dépendances, telles qu'elles existent en Angleterre. Les couches sont presque horizontales.

Un petit système composé, tant de marbres analogues à ceux de la Belgique, que de terrain houiller moins ancien, perce les terrains qui précèdent, du côté de Marquise et d'Hardinghen. La houille et les marbres de ce système sont utilement exploités; les couches sont presque verticales.

Des lambeaux d'une assise horizontale de grès quarzeux se montrent sur les hauteurs crayeuses qui séparent le bassin d'avec le Haut-Boulonnais. Ces grès appartiennent à la période des formations qu'on appelle tertiaires.

Enfin, les roches précédentes sont marquées sur différens points, tant par les alluvions diluviennes que par des alluvions modernes. Sur les bords de la mer, les sables d'alluvion ont généralement pris la forme de dunes. Les dunes s'avancent avec une extrême lenteur dans la direction des vents

qui règnent avec le plus de force et le plus habi-
tuellement dans le pays.

Du reste, M. Rozet décrit avec détail toutes les
roches qu'il a vues et toutes les circonstances de
leur gisement. Il cite toutes les sources où il a puisé
des renseignemens, surtout ceux qui concernent
la détermination des coquilles fossiles dont il a
parlé. Il ne néglige aucune occasion d'appliquer
les notions théoriques déjà reçues en géologie. Il
insiste principalement et avec succès sur les preuves
de la concordance qui existe entre les côtes de
France et d'Angleterre dans cette partie du canal
de la Manche. En un mot, son travail est fait avec
soin et discernement.

Nous pensons que ce travail constitue une Mo-
nographie géologique intéressante, utile, et qui
mérite l'approbation de l'Académie.

Signé à la minute :

BEUDANT, CORDIER, Rapporteurs.

L'Académie adopte les conclusions de ce Rapport.

Certifié conforme,

Le secrétaire perpétuel, conseiller-d'état, grand-officier
de l'ordre royal de la Légion-d'Honneur,

Signé, B. CUVIER.

ERRATA.

Pag.	21	lig.	20	*au lieu de*	mélaugés	*lisez*	mélangées
»	28	»	11	»	meulières	»	meulière
»	39	»	13	»	au	»	ou
»	43	»	10	»	membre	»	étage
»	50	»	13	»	purbek	»	purbeck
»	53	»	24	»	le contour	»	la couleur
»	53	»	24	»	grès	»	gris
»	57	»	5	»	membre	»	étage
»	57	»	6	»	nadules	»	nodules
»	60	»	7	»	membre	»	étage
»	61	»	8	»	membre	»	étage
»	63	»	9	»	membre	»	étage
»	67	»	5	»	le groupe	»	ce groupe
»	80	»	24	»	lit	»	toit
»	97	»	5	»	strophonema	»	strophomena
»	112	»	19	»	gregaria.	»	gregarea
»	120	»	14	»	stoples	»	étaples

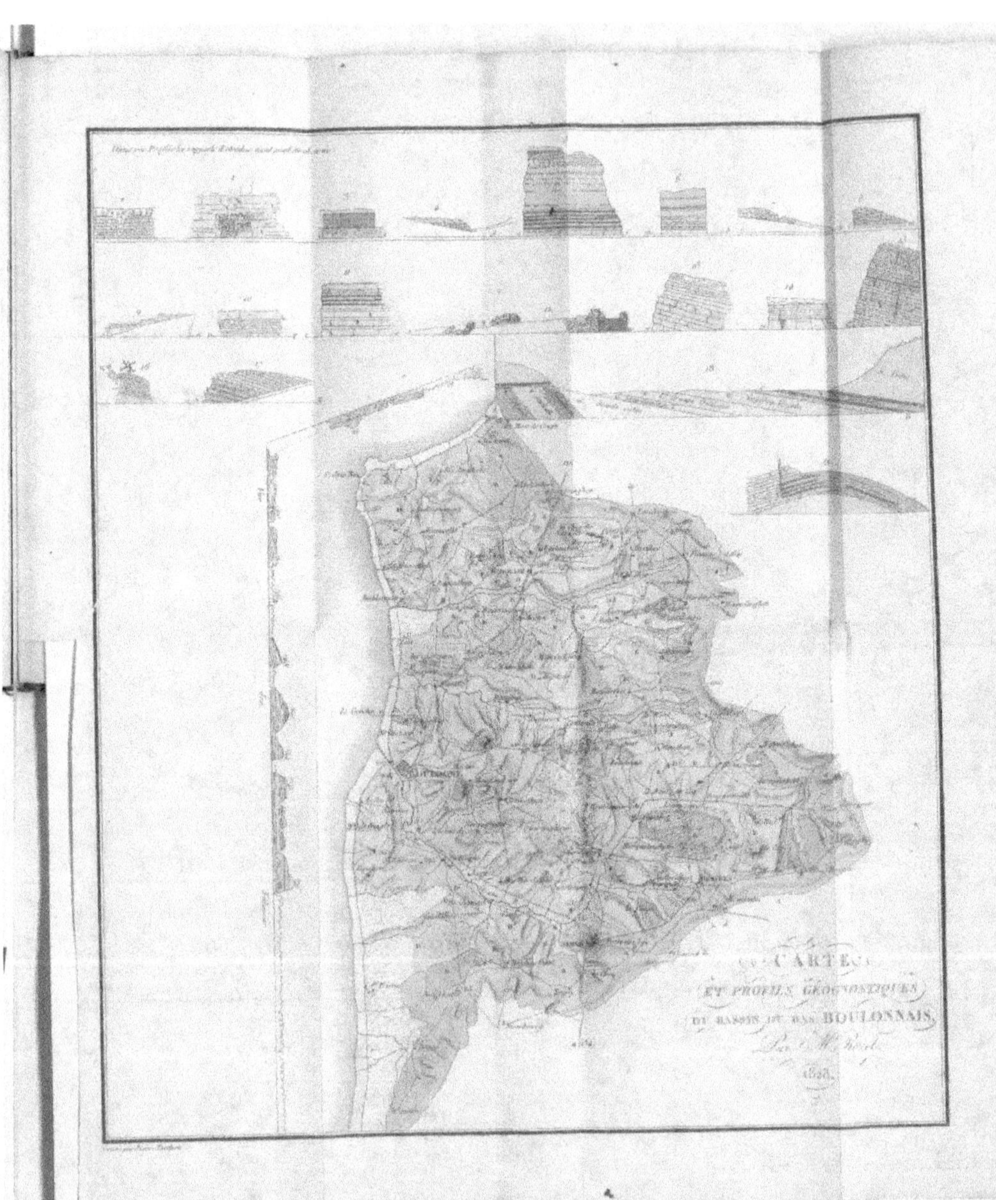
CARTE
ET PROFILS GÉOGNOSTIQUES
DU BASSIN DU BAS BOULONNAIS
1828